2023 MBA\MPA\MPAcc

管理类联考专用辅导教材

数学基本功

董 璞 孔 婷 主编

西安交通大学出版社
XI'AN JIAOTONG UNIVERSITY PRESS

图书在版编目(CIP)数据

数学基本功 / 董璞，孔婷主编. — 西安 : 西安交通大学出版社，2022.2

ISBN 978 - 7 - 5693 - 2377 - 1

Ⅰ. ①数… Ⅱ. ①董… ②孔… Ⅲ. ①高等数学 - 研究生 - 入学考试 - 自学参考资料 Ⅳ. ①O13

中国版本图书馆 CIP 数据核字(2021)第 236013 号

书　　名 数学基本功
主　　编 董　璞　孔　婷
责任编辑 张瑞娟
责任校对 邓　瑞

出版发行 西安交通大学出版社
(西安市兴庆南路 1 号　邮政编码 710048)
网　　址 http://www.xjtupress.com
电　　话 (029)82668357 82667874(市场营销中心)
(029)82668315 (总编办)
传　　真 (029)82668280
印　　刷 西安五星印刷有限公司

开　　本 787mm × 1092mm　1/16　**印张** 9.75　**字数** 212 千字
版次印次 2022 年 2 月第 1 版　2022 年 2 月第 1 次印刷
书　　号 ISBN 978 - 7 - 5693 - 2377 - 1
定　　价 29.00 元

如发现印装质量问题，请与本社市场营销中心联系调换。
订购热线：(029)82665248
投稿热线：(029)82668284

俗话说得好,“得数学者得联考!”MBA 数学占 75 分,一道题 3 分,是“性价比”非常高且最容易拉开分数差距的科目,拿下数学,才能为考生在联考笔试中争取有利位置.“害怕学、学不会、考试差”是很多同学学习数学的“痛苦”现状,但是,考生又不得不花费很多时间和精力在数学的备考上.有部分同学买了不少教材,看了好多课程,结果听不懂或者听懂却不会做题,花费了时间效果还不好.究其原因,很大程度上是因为对于数学基础很薄弱的同学来说,市面上大多数辅导书并不适用,所以选择一本合适的书籍则至关重要.

要想登峰造极,那必得打下扎实的基础!本书针对数学基础薄弱的同学编写,讲解了联考数学所必备的基础概念、基础运算知识,如整式分式的计算、方程不等式的求解等.通过讲加练相结合的形式展开,知识点分模块的详细讲解,再加上配套练习题的强化,让同学快速高效地掌握基础概念、基本运算方法和技巧,解决方程会列不会解这样的难题,为系统学习打基础.本书在编排上有以下特点.

(1)夯实基础.市面上的大多数联考数学课程和辅导书都是需要有一些数学基础才能理解的,而很多同学脱离学校多年,学校中的知识差不多都忘了,对数学的思路和解题方法可谓两眼一抹黑,所以很难入门,或者遇到基础运算还得自己查找方法学习,这就降低了学习效率和学习积极性.本书就弥补了这一空缺,解决了数学基础薄弱这一难题.

(2)和系统课章节分布对应.知识点模块化、碎片化,不一定要把基本功课程完完整整学下来,可以把它作为查找工具,如果系统课哪里听不懂,就去基本功中补一补,节省复习时间.

(3)知识点紧贴联考数学所需基本功,而不是简单中学教材的生搬硬套.在知识点的讲解过程中也有典型例题,能够帮助同学们快速掌握知识点.例题的很大一部分是出自于真题,此外通过真题改编,也能让同学们感受到每个小的知识点在真题中是如何考查的,让学习更有针对性.

(4)每章节都有对应的练习题,而且不用担心题目太多,压力太大.在我们的学习设计中,练习题有难度区分,其中星标题目为选做,如果时间紧,基础薄弱,星标题目可以放弃.这就适合不同基础的同学,有选择性地完成习题.

本书倾注了整个 MBA 大师教材编写组在联考数学所需基本功方面研究的心血,旨在尽全力帮助基础相对薄弱的考生快速入门,高效学习.祝各位考生都能金榜题名!

董璞　孔婷

MBA 大师教材编写组

2021 年 12 月

目录
Contents

第1章　算术 …… 1

1.1　有理数及其运算 …… 1

1.2　平方根与立方根 …… 14

习题演练 …… 19

参考答案 …… 22

第2章　整式、分式 …… 29

2.1　整式的加减 …… 29

2.2　整式的乘除 …… 32

2.3　分式 …… 40

习题演练 …… 42

参考答案 …… 44

第3章　方程与不等式 …… 48

3.1　方程与一元一次方程 …… 48

3.2　二元与三元一次方程组 …… 52

3.3　一元二次方程 …… 58

3.4　不等式 …… 62

习题演练 …… 71

参考答案 …… 73

第 4 章　函数 …… 79
4.1　集合 …… 79
4.2　平面直角坐标系与函数 …… 82
习题演练 …… 95
参考答案 …… 97

第 5 章　数列 …… 100
5.1　数列的基本概念 …… 100
5.2　等差数列 …… 101
5.3　等比数列 …… 103
习题演练 …… 106
参考答案 …… 107

第 6 章　几何 …… 109
6.1　平面几何 …… 109
6.2　立体几何 …… 115
6.3　解析几何 …… 119
习题演练 …… 127
参考答案 …… 130

第 7 章　排列数与组合数 …… 134
7.1　排列数的定义与计算公式 …… 134
7.2　组合数的定义与计算公式 …… 134
习题演练 …… 135
参考答案 …… 136

第 8 章　数据描述 …… 137
8.1　平均值 …… 137
8.2　方差与标准差 …… 137
8.3　数据的图表表示 …… 139
习题演练 …… 144
参考答案 …… 147

第 1 章　算　术

1.1　有理数及其运算

1.1.1　实数

实数可以分为有理数和无理数.

一、有理数与无理数

1. 有理数

整数 $\begin{cases} \text{正整数:如 } 1,2,3\cdots \\ \text{零:} 0 \\ \text{负整数:如 } -1,-2,-3\cdots \end{cases}$

分数 $\begin{cases} \text{正分数:如 } \frac{1}{2},\frac{3}{5},5.2\cdots \\ \text{负分数:如 } -\frac{1}{3},-\frac{5}{6},-3.5\cdots \end{cases}$

若一个数可以表示为形如$\frac{a}{b}$的两个整数之比的形式(其中 a,b 为整数),则称它为一个有理数. 整数与分数统称为有理数(整数也可看作分母为 1 的分数).

助记:事实上,人们发现有理数时将其称为“可比数”,后因历史翻译原因现统称为“有理数”.

2. 无理数

有理数总可以用整数或分数的形式表示,而随着人们研究的深入,发现了不是有理数的数. 例如,面积为 2 的正方形,它的边长既不是整数也不是分数,而是一个无限不循环小数,我们称之为无理数.

无限不循环小数叫作无理数,归纳起来有以下三类:

(1)开方开不尽的数,如$\sqrt{2}$,$\sqrt[3]{4}$等.

(2)有特定意义的数,如圆周率 π 或化简后含有 π 的数(如$\frac{\pi}{3}+2$)等.

(3)有特定结构的数,如 0.1010010001…(每相邻的两个 1 之间 0 的个数依次增加 1)等.

二、数轴

1. 定义

如图 1-1 所示,规定了原点、正方向和单位长度的直线叫作数轴.

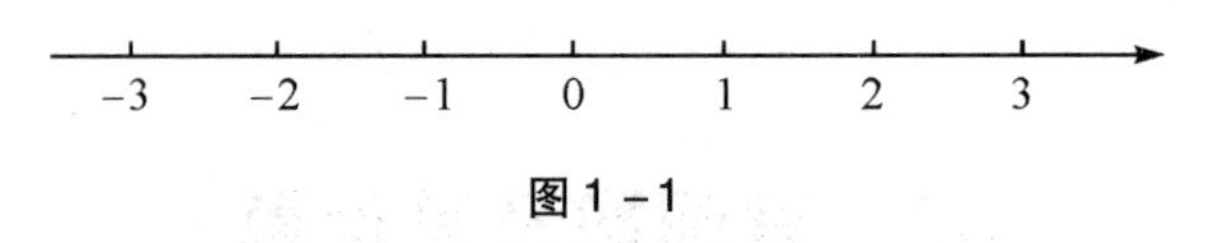

图 1-1

数轴类似于一个水平放置的温度计,温度计有 0 摄氏度,有零上的温度(+),也有零下的温度(-),还有单位长度.但不同的是温度计是有端点的,而数轴没有.

2. 数轴与有理数的关系

任何一个有理数都可以用数轴上的点来表示,但数轴上的点不都表示有理数,还可以表示无理数,比如$\sqrt{2}$.

(1)一般地,数轴上原点右边的点表示正数,左边的点表示负数;反过来也对,即正数用数轴上原点右边的点表示,负数用原点左边的点表示,零用原点表示.

(2)一般地,在数轴上表示的两个数,右边的数总比左边的数大.若 a 和 b 在数轴上的位置如图 1-2 所示,则 $a<b$.

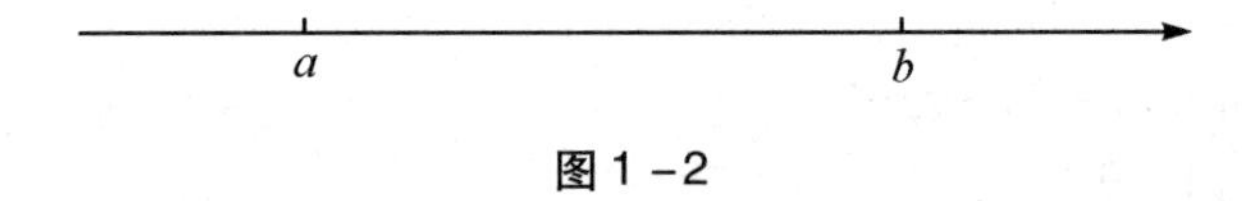

图 1-2

三、相反数

1. 定义

如果两个数只有符号不同,那么称其中一个数为另一个数的相反数.特别地,0 的相反数是 0.

例如,-2 与 +2 互为相反数,0 的相反数是 0.用字母表示 a 与 $-a$ 是相反数,这里 a 便是任意一个数,可以是正数、负数,也可以是 0.

2. 代数意义

(1)只有符号不同的两个数叫作互为相反数.a 和 $-a$ 互为相反数,a 叫作 $-a$ 的相反数,$-a$ 叫作 a 的相反数.

注意: $-a$ 不一定是负数,a 不一定是正数(a 可以表示任意实数).

(2)若两个实数 a 和 b 满足 $b=-a$,我们就说 b 是 a 的相反数.

(3)两个互为相反数的实数 a 和 b 必满足 $a+b=0$.也可以说实数 a 和 b 满足 $a+b=0$,则这两个实数 a,b 互为相反数.

3. 几何意义

如图 1－3 所示.

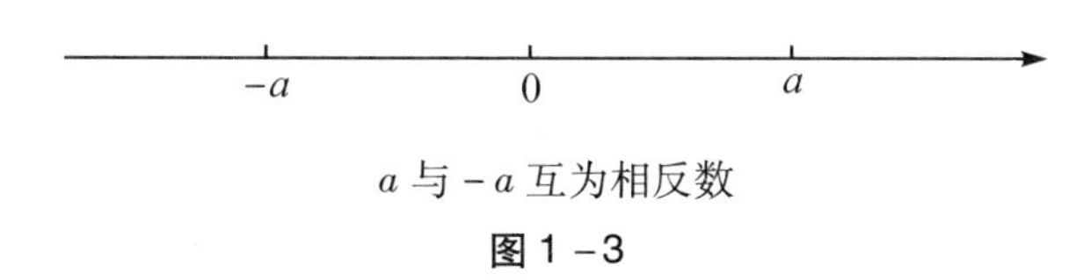

a 与 $-a$ 互为相反数

图 1－3

(1)在数轴上,到原点两边距离相等的两个点表示的两个数是互为相反数.

(2)在数轴上,互为相反数(0 除外)的两个点位于原点的两旁,并且关于原点对称.

【例题 1】若 a 与 1 互为相反数,则 $|a+1|$ 等于(   ).

A. -1　　B. 0　　C. 1　　D. 2

【答案】B

【解析】因为 a 与 1 互为相反数,所以 $a+1=0$,则 $|a+1|=0$,故选 B.

【例题 2】$-\frac{1}{2016}$的相反数是(   ).

A. 2016　　B. -2016　　C. $\frac{1}{2016}$　　D. $-\frac{1}{2016}$

【答案】C

【解析】只有符号不同的两个数叫作互为相反数,所以 $-\frac{1}{2016}$ 的相反数是 $\frac{1}{2016}$. B 选项 -2016 是 $-\frac{1}{2016}$ 的倒数,要注意区分.

四、绝对值

1. 定义

在数轴上,一个数所对应的点与原点的距离叫作这个数的绝对值,例如 $+2$ 的绝对值等于 2,记作 $|+2|=2$; -3 的绝对值等于 3,记作 $|-3|=3$.

(1)绝对值的代数意义:一个正数的绝对值是它本身;一个负数的绝对值是它的相反数;0 的绝对值是 0. 即对于任何有理数 a 都有

$$|a|=\begin{cases} a(a>0) \\ 0(a=0) \\ -a(a<0) \end{cases}$$

绝对值的重要性质: $|a|\geqslant a$,即一个数的绝对值大于等于其本身.

(2)绝对值的几何意义:一个数 a 的绝对值就是数轴上表示数 a 的点与原点的距离. 距离是一个非负数,所以绝对值的几何意义揭示了绝对值的本质,即绝对值是一个非负数. 用式子表示:若 a 是实数,则 $|a|\geqslant 0$. 如图 1－4 所示, -5 到原点的距离为 5,所以 $|-5|=5$,3 到原点的距离为 3,所以 $|3|=3$.

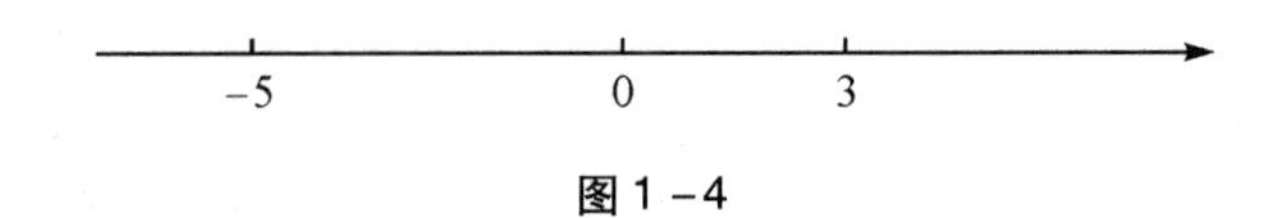

图 1-4

(3)一个有理数是由符号和绝对值两个方面来确定的.

若$|a|=a$则$a\geqslant0$;$|a|=-a$则$a\leqslant0$. $|a-b|$表示的几何意义就是在数轴上表示数a与数b的点之间的距离. 如$|-5-3|$表示的是数轴上点-5和点3之间的距离,由图1-4可知等于8.

【例题3】求下列各数的绝对值.

$-1\frac{1}{2}$, -0.3, 0, $-\left(-\frac{7}{2}\right)$

【解析】$-1\frac{1}{2}$的绝对值是$1\frac{1}{2}$;

-0.3的绝对值是0.3;

0的绝对值是0;

$-\left(-\frac{7}{2}\right)$的绝对值是$\frac{7}{2}$.

【例题4】比较下列有理数的大小.

(1) -1和0.　　(2) -2和$|-3|$.

(3) $-\left(-\frac{1}{3}\right)$和$\left|-\frac{1}{2}\right|$.　　(4) $-|-1|$和$-|-0.1|$.

【解析】(1) $-1<0$.

(2)由$|-3|=3$, $-2<3$,得$-2<|-3|$.

(3)因为$-\left(-\frac{1}{3}\right)=\frac{1}{3}$, $\left|-\frac{1}{2}\right|=\frac{1}{2}$,且$\frac{1}{3}<\frac{1}{2}$,所以$-\left(-\frac{1}{3}\right)<\left|-\frac{1}{2}\right|$.

(4)因为$-|-1|=-1$, $-|-0.1|=-0.1$,且$-1<-0.1$,所以$-|-1|<-|-0.1|$.

【例题5】已知$|2-m|+|n-3|=0$,试求$m-2n$的值.

【解析】因为$|2-m|+|n-3|=0$,且$|2-m|\geqslant0$, $|n-3|\geqslant0$,所以$|2-m|=0$, $|n-3|=0$.

解得$m=2$, $n=3$.

$m-2n=2-2\times3=-4$.

【例题6】如果(　　),那么$a|a-b|\geqslant|a|(a-b)$恒成立.

A. $a\leqslant0$　　B. $a\geqslant0$　　C. $a-b\leqslant0$　　D. $a-b\geqslant0$

【答案】B

【解析】$|a-b|\geqslant a-b$恒成立,因此只要$a\geqslant|a|$,题干结论即成立. 根据绝对值定义,若$a\geqslant|a|$成立,则$a\geqslant0$.

2. 零点分段法

零点分段法实质就是去绝对值,零点就是使绝对值为0的值. 对于任意实数x的绝对值$|x|$,当$x>0$时,$|x|=x$;当$x=0$时,$|x|=0$;当$x<0$时,$|x|=-x$;即

$$|x| = \begin{cases} x, x \geqslant 0 \\ -x, x < 0 \end{cases}$$

【举例】 $|x-1| = \begin{cases} x-1, x \geqslant 1 \\ 1-x, x < 1 \end{cases}$；$|x+3| = \begin{cases} x+3, x \geqslant -3 \\ -x-3, x < -3 \end{cases}$；

$|x-1| + |x-2| = \begin{cases} 1-x+2-x = 3-2x, x < 1 \\ x-1+2-x = 1, 1 \leqslant x < 2 \\ x-1+x-2 = 2x-3, x \geqslant 2 \end{cases}$（零点为 1 和 2），如图 1－5 所示.

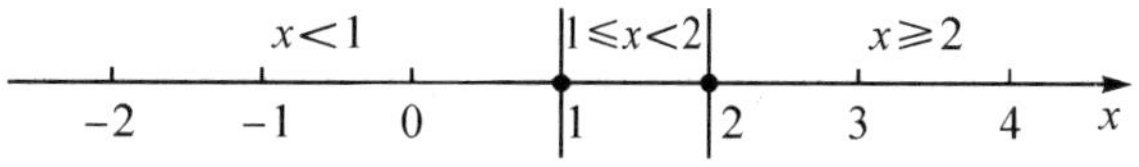

图 1－5

【例题 7】 已知 $g(x) = \begin{cases} 1, x > 0 \\ -1, x < 0 \end{cases}$，$f(x) = |x-1| - g(x)|x+1| + |x-2| + |x+2|$，当 $-1 < x < 0$ 时，求 $f(x)$.

【解析】 $-1 < x < 0$，$g(x) = -1$，$f(x) = |x-1| - g(x)|x+1| + |x-2| + |x+2| = -(x-1) + (x+1) - (x-2) + (x+2) = 6$.

3. 绝对值的几何意义

绝对值的几何意义是距离. 如图 1－6 所示，在数轴上，一个数 a 到原点的距离叫作该数的绝对值 $|a|$. $|a-b|$ 表示数轴上表示 a 的点和表示 b 的点之间的距离.

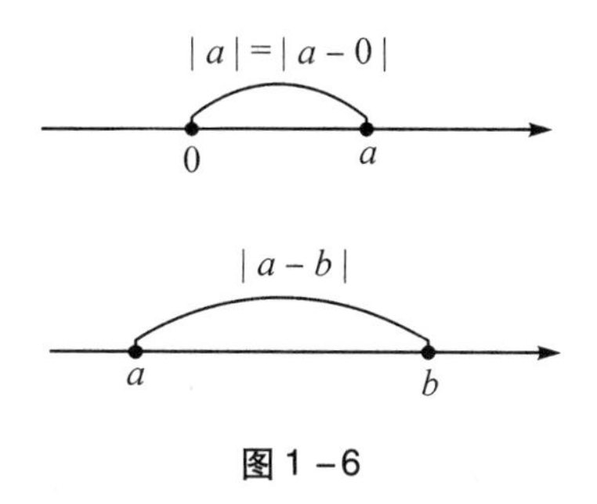

图 1－6

绝对值代表距离的几何意义是其固有属性，但并不是所有绝对值类题目都适合用几何意义求解. 适用几何意义求解题目的特征如下：

（1）几个绝对值式子加或者减，不能有乘除.

（2）只有一个变量 x.

（3）x 系数为 1，且只在绝对值内出现.

$|x-2| + |x-5|$ 在数轴上的表示如图 1－7 所示.

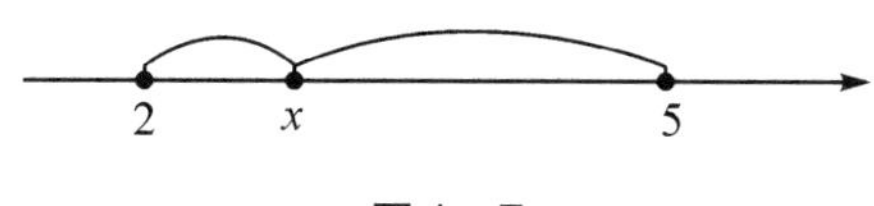

图 1－7

x 在 $[2,5]$ 之内的任意位置时，绝对值之和为定值，恒等于 2 和 5 之间的距离即 3，同时

这也是两绝对值之和能取到的最小值；x 在[2,5]之外时，随着 x 远离2和5，$|x-2|+|x-5|$ 的取值也随之增大，且没有上限，即 $|x-2|+|x-5|$ 没有最大值.

总结：形如 $|x-a|+|x-b|$ 的两绝对值之和，最小值为 $|a-b|$，无最大值.

$|x+1|-|x-3|$ 在数轴上的表示如图1－8所示.

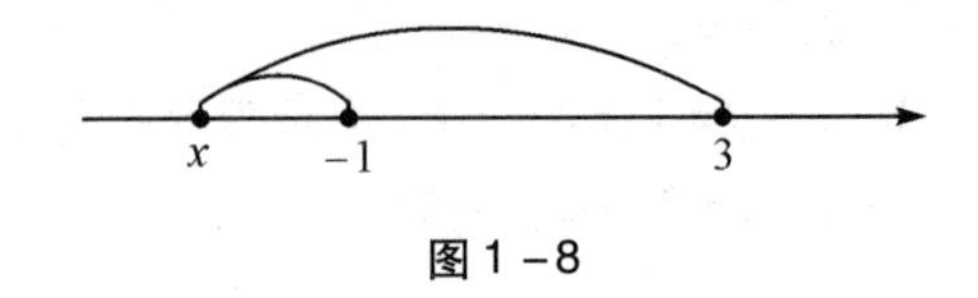

图1－8

x 在－1，3的中点，即 $x=1$ 时，绝对值之差为零；x 在3右边时，由于部分距离相互抵消，绝对值之差为－1和3之间的距离，即 $|-1-3|=4$；x 在－1左边时，距离为 $-|-1-3|=-4$. 同时，4和－4也是两绝对值之差的最大值和最小值.

总结：形如 $|x-a|-|x-b|$ 的两个绝对值之差，其最大值和最小值分别为 $|a-b|$ 和 $-|a-b|$.

【例题8】 求 $f(x)=\left|x-\frac{5}{12}\right|+\left|x-\frac{1}{12}\right|$ 的最小值.

【解析】 由几何意义可知，$y=|x-a|+|x-b|$ 的最小值为 a 和 b 的距离，即 $|a-b|$.

所以 $f(x)$ 的最小值为 $\frac{5}{12}-\frac{1}{12}=\frac{1}{3}$.

【例题9】 设 $y=|x-2|+|x+2|$，则下列结论正确的是（　　）.

A. y 没有最小值　　B. 只有一个 x 使 y 取到最小值

C. 有无穷多个 x 使 y 取到最大值　　D. 有无穷多个 x 使 y 取到最小值

E. 以上结论均不正确

【答案】 D

【解析】 思路一：绝对值的几何意义. 题干中 $y=|x-2|+|x+2|$，根据绝对值的几何意义，$y=|x-2|+|x+2|$ 表示数轴上点 x 到－2与2的距离之和. 当 x 在[－2,2]内的任意位置时，绝对值之和为定值，即恒等于－2和2之间的距离4，同时这也是两绝对值之和能取到的最小值. 由于[－2,2]内有无穷多个点，所以有无穷多个 x 使 y 取到最小值；在[－2,2]之外时，随着点 x 远离－2和2，$|x-2|+|x+2|$ 的取值也随之增大，且没有上限，即 $y=|x-2|+|x+2|$ 没有最大值，故选D.

思路二：零点分段法. $y=|x-2|+|x+2|=\begin{cases}-2x, & x<-2\\ 4, & -2\leqslant x\leqslant 2\\ 2x, & x>2\end{cases}$，当 $-2\leqslant x\leqslant 2$ 时，y 取到最小值4.

1.1.2 有理数的加减

一、有理数的加法

1. 定义

把两个有理数合成一个有理数的运算叫作有理数的加法. 也就是说,“加”和“减”都可以定义为“加”的求和运算,因为减去一个数等于加这个数的相反数(具体见下文有理数的减法).

2. 法则

(1)同号两数相加,取相同的符号,并把绝对值相加,如 $-7+(-4)=-(|-7|+|-4|)=-11$.

(2)异号两数相加,绝对值相等时和为0,如 $-3+3=0$;绝对值不等时,取绝对值较大的数的符号,并用较大的绝对值减去较小的绝对值, 如 $-10+7=-(|-10|-|7|)=-3$.

(3)一个数同0相加,仍得这个数.

3. 运算律

(1)加法交换律:两个数相加,交换加数的位置,和不变,即 $a+b=b+a$.

(2)加法结合律:三个数相加,先把前两个数相加,或者先把后两个数相加,和不变,即 $(a+b)+c=a+(b+c)$.

注意:交换加数的位置时,不要忘记符号.

二、有理数的减法

1. 定义

已知两个数的和与其中一个加数,求另一个加数的运算,叫作减法,例如$(-5)+?=7$,求?等于几,也可以理解为减法是加法的逆运算.

2. 法则

减去一个数,等于加这个数的相反数,即 $a-b=a+(-b)$.

将减法转化为加法时,注意同时进行的两变,一变是减法变加法;二变是把减数变为它的相反数. 如图1-9所示.

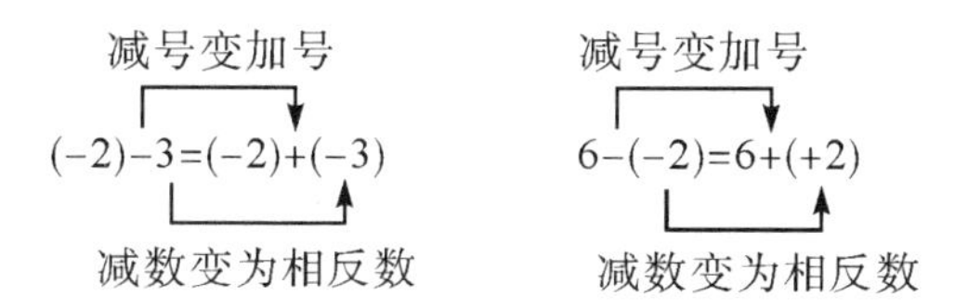

图1-9

三、有理数加减混合运算

将加减法统一成加法运算，适当应用加法交换律和结合律简化计算.

1.1.3 有理数的乘除

一、有理数的乘法

1. 有理数的乘法法则

(1)两数相乘，同号得正，异号得负，并把绝对值相乘. 如

$$-\frac{1}{2}\times(-2)=\left|-\frac{1}{2}\right|\times|-2|=1,\ -\frac{1}{2}\times 2=-\left(\left|-\frac{1}{2}\right|\times|2|\right)=-1$$

(2)任何数同 0 相乘，积仍为 0.

2. 有理数的乘法法则的推广

(1)几个不等于 0 的数相乘，积的符号由负因数的个数决定. 当负因数有奇数个时，积为负；当负因数有偶数个时，积为正.

(2)几个数相乘，如果有一个因数为 0，那么积就等于 0.

3. 有理数的乘法运算律

(1)乘法交换律：两个数相乘，交换因数的位置，积相等，即 $ab=ba$.

(2)乘法结合律：三个数相乘，先把前两个数相乘，或者先把后两个数相乘，积相等，即 $abc=(ab)c=a(bc)$.

(3)乘法对加法的分配律：一个数同两个数的和相乘，等于把这个数分别同这两个数相乘，再把积相加，即 $a(b+c)=ab+ac$.

二、有理数的除法

1. 倒数的意义

乘积是 1 的两个数互为倒数，如$\frac{2}{5}$和$\frac{5}{2}$.

2. 有理数除法法则

法则一：除以一个不等于 0 的数，等于乘这个数的倒数，即 $a\div b=a\cdot\frac{1}{b}(b\neq 0)$.

法则二：两数相除，同号得正，异号得负，并把绝对值相除. 0 除以任何一个不等于 0 的数，都为 0.

三、有理数的乘除混合运算

由于乘除是同一级运算，应按从左往右的顺序计算，一般先将除法化成乘法，然后确定

积的符号，最后算出结果.

四、有理数的加减乘除混合运算

有理数的加减乘除混合运算，如无括号，则按照“先乘除，后加减”的顺序进行，如有括号，则先算括号里面的.

注意：有理数的计算不会单独出题，都是综合其他考点，作为解题的工具来进行考查.

【例题10】计算下列各式.

(1) $(-0.25)\times0.5\times(-100)\times4$.

(2) $(-2)\times\frac{1}{2}\div\left(-\frac{1}{3}\right)\times3$.

(3) $\left(-\frac{1}{2}+\frac{1}{6}-\frac{3}{4}+\frac{5}{12}\right)\div\left(-\frac{1}{12}\right)$.

(4) $\left(\frac{7}{9}-\frac{5}{6}+\frac{3}{18}\right)\times18-1.45\times6+3.95\times6$.

【解析】(1) $(-0.25)\times0.5\times(-100)\times4=(-0.25)\times4\times(-100)\times0.5=(-1)\times(-50)=50$.

(2) $(-2)\times\frac{1}{2}\div\left(-\frac{1}{3}\right)\times3=(-1)\div\left(-\frac{1}{3}\right)\times3=3\times3=9$.

(3) $\left(-\frac{1}{2}+\frac{1}{6}-\frac{3}{4}+\frac{5}{12}\right)\div\left(-\frac{1}{12}\right)=\left(-\frac{1}{2}+\frac{1}{6}-\frac{3}{4}+\frac{5}{12}\right)\times(-12)=\left(-\frac{1}{2}\right)\times(-12)+\frac{1}{6}\times(-12)+\left(-\frac{3}{4}\right)\times(-12)+\frac{5}{12}\times(-12)=6-2+9-5=8$.

(4) $\left(\frac{7}{9}-\frac{5}{6}+\frac{3}{18}\right)\times18-1.45\times6+3.95\times6=\frac{7}{9}\times18-\frac{5}{6}\times18+\frac{3}{18}\times18+(-1.45+3.95)\times6=14-15+3+6\times2.5=2+15=17$.

五、数学符号

1. 累加

求和符号是数学中常用的符号，主要用于求多项数的和，用 $\sum$ (sigma)表示.

记法：$\sum\limits_{i=m}^{n}a_i=a_m+a_{m+1}+a_{m+2}+\cdots+a_n$，如 $\sum\limits_{i=1}^{5}i=1+2+3+4+5$.

【例题11】若等差数列 $\{a_n\}$ 满足 $5a_7-a_3-12=0$，则 $\sum\limits_{k=1}^{15}a_k=$ ______.

【解析】常数列特值法：设 $\{a_n\}$ 为公差 $d=0$ 的常数列，令每一项 $a_n=t$，则 $5a_7-a_3-12=5t-t-12=0$，解得 $t=3$，根据累加符号的定义，$\sum\limits_{k=1}^{15}a_k=a_1+a_2+a_3+\cdots+a_{15}=15t=45$.

2. 连乘

连乘符号是数学中常用的符号，主要用于求多项数的积，用 $\prod$ (pi) 表示.

记法：$\prod_{k=1}^{n} a_k = a_1 \cdot a_2 \cdot \cdots \cdot a_n$，如$\prod_{i=3}^{7} i = 3 \times 4 \times 5 \times 6 \times 7$.

1.1.4　比与比例

一、定义

比：等于一个除法算式，是式子的一种（如 $a:b$ 和 $a \div b$ 是相同的）.

比例：由至少两个成为比的式子组成，式子由等号连接，即这两个比的比值是相同的（如 $a:b = c:d$）.

所以，比和比例的联系就可以说成是：比是比例的一部分；而比例是表示两个比相等的式子，这也是比例的意义.

二、比例外项与比例内项

比表示两个数相除，只有两个项：比的前项和后项. 如 $a:b$，其中 a 称作比的前项，b 称作比的后项.

比例是一个等式，表示两个比相等；有四个项：两个外项和两个内项. 如 $a:b = c:d$，可写作$\frac{a}{b} = \frac{c}{d}$，其中 a 和 d 称为比例外项，b 和 c 称为比例内项.

在比例里，两个外项的乘积等于两个内项的乘积，即 $ad = bc$.

【例题 12】已知$\frac{x}{3} = \frac{4}{x}$，求 x.

【解析】$x \cdot x = 3 \times 4$，$x^2 = 12$，$x = \pm 2\sqrt{3}$.

三、性质

比的性质：比的前项和后项都乘以或除以一个不为零的数，比值不变. 比的性质可用于化简比. 如$\frac{2a}{4} = \frac{2a \div 2}{4 \div 2} = \frac{a}{2}$.

比例的性质：在比例里，两个外项的乘积等于两个内项的乘积. 比例的性质用于解比例. 如 $a:2 = 3:b$，即$\frac{a}{2} = \frac{3}{b}$，则 $a \times b = 2 \times 3$，$ab = 6$.

【例题 13】如果 $a = \frac{3}{4}b$，则 $a:b =$ ______.

【解析】$a = \frac{3}{4}b$，等式两边同除以 b，则有$\frac{a}{b} = \frac{3}{4}$，即 $a:b = 3:4$.

【例题 14】甲、乙两工人加工完一批零件，甲、乙两工人完成的件数之比是 6:5，已知乙工人完成了 45 件，则甲工人完成了多少件？

【解析】甲乙之比为6∶5,即甲∶乙=6∶5.

所以5×甲=6×乙.

甲$=\frac{6}{5}$乙$=\frac{6}{5}\times45=54$,故甲工人完成了54件.

1.1.5 质数与合数

一、定义

自然数(**N**):0,1,2,3,…,叫作自然数(自然数从零开始).

自然数按因数的个数来分有:质数、合数、1、0.

(1)质数:又称素数,只有1和它本身两个因数.

(2)合数:除了1和它本身还有别的因数(至少有三个因数:1、它本身、别的因数).

注意:(1)1只有一个因数1,所以1既不是质数,也不是合数.

(2)最小的质数是2,最小的合数是4,连续的两个质数是2,3.

(3)每个合数都可以由几个质数相乘得到,质数相乘一定是合数.

(4)2是唯一的偶质数.

(5)30以内的质数有10个:2,3,5,7,11,13,17,19,23,29.

二、公质数

1. 互质数

公因数只有1的两个数,叫作互质数.比如2和3的公因数只有1,所以2和3就叫作互质数.

2. 两数互质的特殊情况

(1)1和任何自然数互质;

(2)相邻两个自然数互质;

(3)两个质数一定互质;

(4)2和所有奇数互质;

(5)质数与比它小的合数互质.

3. 用短除法分解质因数(一个合数写成几个质数相乘的形式)

下面两个例子,分别是用短除法对18和28分解质因数,左边的数字表示"商",竖折下面的表示"余数".

$$\begin{array}{r|l} 2 & 18 \\ \hline 3 & 9 \\ \hline & 3 \end{array} \qquad \begin{array}{r|l} 7 & 28 \\ \hline 2 & 4 \\ \hline & 2 \end{array}$$

$18=2\times3\times3$　　　　$28=7\times2\times2$

【例题15】设m,n是小于20的质数,满足条件$|m-n|=2$的$\{m,n\}$共有(　　).

A. 2组　　B. 3组　　C. 4组　　D. 5组　　E. 6组

【答案】C

【解析】穷举法:20以内的8个质数为2,3,5,7,11,13,17,19.

满足$|m-n|=2$即两个质数之间相差为2的有$\{3,5\}$,$\{5,7\}$,$\{11,13\}$,$\{17,19\}$共4组. 注,$\{m,n\}$表示的是集合,集合中的元素是没有顺序的,如$\{3,5\}$和$\{5,3\}$是相同的.

1.1.6 倍数与因数

一、倍数与因数

例如$4\times9=36$,其中36是4和9的倍数,4和9是36的因数.

二、公因数与最大公因数

1. 定义

两个(或两个以上)数公有的因数,叫作这两个(或两个以上)数的公因数;其中最大的一个,叫作这几个数的最大公因数. 最大公因数通常用"(　)"表示. 比如a和b的最大公因数可表示为(a,b).

例如求12与30的公因数,首先需要分别把12的因数和30的因数找到:

$12=1\times12=2\times6=3\times4$,故12的因数有1,2,3,4,6,12.

$30=1\times30=2\times15=3\times10=5\times6$,故30的因数有1,2,3,5,6,10,15,30.

综上所述,12与30的公因数有1,2,3,6;最大公因数为6,即$(12,30)=6$.

2. 求解方法:短除法

例如求12和20的最大公因数. 短除如下:

$$\begin{array}{r|ll} 2 & 12 & 20 \\ \hline 2 & 6 & 10 \\ \hline & 3 & 5 \end{array}$$

所以12和20的最大公因数是$2\times2=4$.

三、公倍数与最小公倍数

1. 定义

几个数公有的倍数,叫作这几个数的公倍数;其中最小的一个,叫作这几个数的最小公倍数. 最小公倍数通常用"[　]"表示. 比如a和b的最小公倍数可表示为$[a,b]$.

2. 求解方法

常用分解质因数的方法. 首先找出几个数公有的质因数,再找出各自独有的质因数,把这些质因数连乘起来,最后得出的积就是这几个数的最小公倍数.

例如求12和20的最小公倍数. 短除如下:

$$\begin{array}{r|ll} 2 & 12 & 20 \\ \hline 2 & 6 & 10 \\ \hline & 3 & 5 \end{array}$$

所以12和20的最小公倍数是$2\times2\times3\times5=60$.

3. 技巧

(1)两个自然数的最大公因数和最小公倍数的乘积等于两个自然数的乘积. 即 $ab = (a,b)\cdot[a,b]$.

(2)如果两个自然数是互质数,那么它们的最大公因数是 1,最小公倍数是这两个数的乘积.

例如 8 和 9 互质,它们是互质数,所以 $(8,9)=1$, $[8,9]=72$.

(3)如果两个自然数中,较大数是较小数的倍数,那么较小数就是这两个数的最大公因数,较大数就是这两个数的最小公倍数.

例如 2 和 4 的最大公因数是 2,即 $(2,4)=2$;最小公倍数是 4,即 $[2,4]=4$.

【例题 16】求 12,16 和 48 的最大公因数以及最小公倍数.

【解析】

$$\begin{array}{r|rrr} 2 & 12 & 16 & 48 \\ \hline 2 & 6 & 8 & 24 \\ \hline 3 & 3 & 4 & 12 \\ \hline 4 & 1 & 4 & 4 \\ \hline & 1 & 1 & 1 \end{array}$$

最大公因数是 4,最小公倍数是 $2\times2\times3\times4\times1\times1\times1=48$.

1.1.7 分数通分计算

一、定义

根据分数的基本性质——分数的分子和分母同乘或者同除一个相同的数(0 除外),分数的大小不变,把几个异分母的分式分别化成与原来的分式相等的同分母的分式,叫作分式的通分. 比如将$\frac{1}{2}$,$\frac{2}{3}$进行通分可转化为$\frac{3}{6}\left(\frac{1\times3}{2\times3}\right)$,$\frac{4}{6}\left(\frac{2\times2}{3\times2}\right)$.

通分的关键是确定几个分式的最小公分母.

二、步骤

(1)求出原来几个分数(式)的分母的最小公倍数;

(2)根据分数(式)的基本性质,把原分数(式)化成以最小公倍数为分母的分数(式).

【例题 17】比较$\frac{6}{7}$ 和$\frac{7}{8}$的大小.

【解析】7 和 8 的最小公倍数是 $7\times8=56$.

$$\frac{6}{7}=\frac{6\times8}{7\times8}=\frac{48}{56}$$

$$\frac{7}{8}=\frac{7\times7}{8\times7}=\frac{49}{56}$$

$\frac{49}{56}>\frac{48}{56}$,即$\frac{7}{8}>\frac{6}{7}$.

【例题 18】求$\frac{1}{3}+\frac{1}{4}+\frac{1}{5}=$______.

【解析】首先求分母 3,4,5 的最小公倍数.

3,4,5 的最小公倍数是 60.

则有$\frac{1}{3}+\frac{1}{4}+\frac{1}{5}=\frac{20}{3\times 20}+\frac{15}{4\times 15}+\frac{12}{5\times 12}=\frac{47}{60}$.

1.1.8 奇数与偶数

一、定义

奇数:在整数中,不能被 2 整除的数叫奇数,可以分为正奇数和负奇数. 奇数的个位为 1,3,5,7,9,数学表达形式为 $2k+1(k\in \mathbf{Z})$.

偶数:在整数中,能被 2 整除的数叫偶数,可以分为正偶数和负偶数,偶数的个位为 0,2,4,6,8,数学表达形式为 $2k(k\in \mathbf{Z})$.

注意: 自然数中最小的奇数是 1,最小的偶数是 0.

二、运算法则

奇 ± 奇 = 偶(1 ± 1)　　偶 ± 偶 = 偶(2 ± 2)　　偶 ± 奇 = 奇(2 ± 1)

奇 × 奇 = 奇(1 × 1)　　偶 × 奇 = 偶(2 × 1)　　偶 × 偶 = 偶(2 × 2)

奇数个奇数之和是奇数;偶数个奇数之和是偶数.

任意个奇数相乘是奇数;任意个偶数相乘是偶数.

【例题 19】判断正误:当 m 是奇数且 n 是奇数时,m^2n^2-1 能被 2 整除.

【答案】正确

【解析】由整数奇偶性运算法则奇 × 奇 = 奇,m 和 n 均为奇数时,mn 为奇数,$(mn)^2$ 也为奇数,故m^2n^2-1 为偶数,能被 2 整除,所以正确.

1.2 平方根与立方根

1.2.1 平方根与算术平方根

一、平方根和算术平方根的概念

1. 平方根的定义

如果$x^2=a$,那么 x 叫作 a 的平方根. 求一个数 a 的平方根的运算,叫作开平方. a 叫作被开方数. 平方与开平方互为逆运算. 例如$(\pm2)^2=4$,那么±2 叫作4 的平方根.

由于$x^2=a\geqslant0$,所以一个正数有两个平方根,负数没有平方根.

2. 算术平方根的定义

正数 a 的两个平方根可以用“$\pm\sqrt{a}$”表示,其中$\sqrt{a}$表示 a 的正平方根(又叫算术平方根),读作“根号 a”;$-\sqrt{a}$表示 a 的负平方根,读作“负根号 a”. 例如2 是4 的算术平方根,-2 是4 的负平方根.

注意:当式子$\sqrt{a}$有意义时,a 一定表示一个非负数,即$\sqrt{a}\geqslant0$,$a\geqslant0$.

二、平方根和算术平方根的区别与联系

1. 区别

(1)定义不同;(2)结果不同,如$\pm\sqrt{a}$和$\sqrt{a}$.

2. 联系

(1)平方根包含算术平方根;

(2)被开方数都是非负数;

(3)0 的平方根和算术平方根均为0.

三、平方根的性质

$$\sqrt{a^2}=|a|=\begin{cases}a(a>0)\\0(a=0)\\-a(a<0)\end{cases}.$$

$(\sqrt{a})^2=a(a\geqslant0)$.

【例题1】(1) -4 是______的负平方根.

(2)$\sqrt{\frac{1}{16}}$表示______的算术平方根,$\sqrt{\frac{1}{16}}=$______.

(3)$\sqrt{\frac{1}{81}}$的算术平方根为______.

(4)若$\sqrt{x}=3$,则 $x=$______;若$\sqrt{x^2}=3$,则 $x=$______.

【答案】(1)16;(2)$\frac{1}{16}$,$\frac{1}{4}$;(3)$\frac{1}{3}$;(4)9, ±3

【解析】(1)16 的平方根是±4,16 的负平方根是-4.

(2)$\sqrt{\frac{1}{16}}=\sqrt{\left(\frac{1}{4}\right)^2}=\frac{1}{4}$.

(3)$\sqrt{\frac{1}{81}}=\sqrt{\left(\frac{1}{9}\right)^2}=\frac{1}{9}$,所以$\sqrt{\frac{1}{81}}$的算术平方根就等于$\frac{1}{9}$的算术平方根,即$\frac{1}{3}$.

(4)$\sqrt{x}=3=\sqrt{(3)^2}=\sqrt{9}$,所以 $x=9$.

$\sqrt{x^2}=3=\sqrt{9}$,所以$x^2=9$.

解得 $x=\pm3$.

1.2.2 立方根

一、立方根的定义

如果一个数的立方等于 a,那么这个数叫作 a 的立方根或三次方根. 这就是说,如果$x^3=a$,那么 x 叫作 a 的立方根. 求一个数的立方根的运算,叫作开立方. 例如 $3^3=27$,那么 3 叫作 27 的立方根,即 $\sqrt[3]{27}=3$.

一个数 a 的立方根,用$\sqrt[3]{a}$表示,其中 a 是被开方数,3 是根指数. 开立方和立方互为逆运算.

二、立方根的特征

立方根的特征:正数的立方根是正数,负数的立方根是负数,0 的立方根是 0.

任何数都有立方根,一个数的立方根有且只有一个,并且它的符号与这个非零数的符号相同.

三、立方根的性质

$\sqrt[3]{-a}=-\sqrt[3]{a}$(将求负数的立方根的问题转化为求正数的立方根).

$\sqrt[3]{a^3}=a$.

$(\sqrt[3]{a})^3=a$.

【例题 2】(1)$\sqrt[3]{8}\cdot\sqrt[3]{-\dfrac{1}{64}}$.　　(2) $\sqrt[3]{-27}+\sqrt{(-3)^2}-\sqrt[3]{-1}$.

【解析】(1)$\sqrt[3]{8}\cdot\sqrt[3]{-\dfrac{1}{64}}=\sqrt[3]{2^3}\cdot\sqrt[3]{\left(-\dfrac{1}{4}\right)^3}=2\cdot\left(-\dfrac{1}{4}\right)=-\dfrac{1}{2}$.

(2) $\sqrt[3]{-27}+\sqrt{(-3)^2}-\sqrt[3]{-1}=\sqrt[3]{(-3)^3}+3-\sqrt[3]{(-1)^3}=(-3)+3-(-1)=1$.

1.2.3 二次根式

一、二次根式的概念

一般地,我们把形如$\sqrt{a}$ $(a\geqslant0)$的式子叫作二次根式,“$\sqrt{\ }$”称为二次根号.

二次根式的两个要素:①根指数为 2;②被开方数为非负数.

二、二次根式的性质

(1)$\sqrt{a}\geqslant0(a\geqslant0)$.

(2)$(\sqrt{a})^2=a(a\geqslant0)$.

(3)$\sqrt{a^2}=|a|=\begin{cases}a(a\geqslant0)\\-a(a<0)\end{cases}$.

(4)积的算术平方根等于积中各因式的算术平方根的积,即$\sqrt{ab}=\sqrt{a}\cdot\sqrt{b}(a\geqslant0,b\geqslant0)$.例如$\sqrt{24}=\sqrt{4\times6}=\sqrt{4}\times\sqrt{6}=2\sqrt{6}$.

(5)商的算术平方根等于被除数的算术平方根与除数的算术平方根的商,即$\sqrt{\frac{a}{b}}=\frac{\sqrt{a}}{\sqrt{b}}$ $(a\geqslant0,b>0)$.例如$\sqrt{\frac{2}{9}}=\frac{\sqrt{2}}{\sqrt{9}}=\frac{\sqrt{2}}{3}$.

三、法则

1. 乘法法则

$\sqrt{a}\cdot\sqrt{b}=\sqrt{ab}(a\geqslant0,b\geqslant0)$,即两个二次根式相乘,根指数不变,只把被开方数相乘.

2. 除法法则

$\frac{\sqrt{a}}{\sqrt{b}}=\sqrt{\frac{a}{b}}(a\geqslant0,b>0)$,即两个二次根式相除,根指数不变,只把被开方数相除.

四、分母有理化

1. 分母有理化

把分母中的二次根式化去叫作分母有理化.

2. 有理化因式

两个含有二次根式的代数式相乘,如果它们的积不含有二次根式,就说这两个代数式互为有理化因式.有理化因式确定方法如下:

①单项二次根式:利用$\sqrt{a}\cdot\sqrt{a}=a$来确定,如$\sqrt{a}$与$\sqrt{a}$,$\sqrt{a+b}$与$\sqrt{a+b}$,$\sqrt{a-b}$与$\sqrt{a-b}$等分别互为有理化因式.

②两项二次根式:利用平方差公式来确定.如$a+\sqrt{b}$与$a-\sqrt{b}$,$\sqrt{a}+\sqrt{b}$和$\sqrt{a}-\sqrt{b}$,$a\sqrt{x}+b\sqrt{y}$与$a\sqrt{x}-b\sqrt{y}$分别互为有理化因式.

分母有理化的方法与步骤:将分子、分母都乘以分母的有理化因式,使分母中不含根式.例如$\frac{c}{a+\sqrt{b}}=\frac{c(a-\sqrt{b})}{(a+\sqrt{b})(a-\sqrt{b})}=\frac{c(a-\sqrt{b})}{a^2-b}$,$\frac{2}{3-\sqrt{2}}=\frac{2(3+\sqrt{2})}{(3-\sqrt{2})(3+\sqrt{2})}=\frac{6+2\sqrt{2}}{7}$.

【例题3】计算$-(-1)^{2019}-|2-\sqrt{3}|+\sqrt{81}+\sqrt[3]{-27}$.

【解析】原式 $=-(-1)-(2-\sqrt{3})+9+(-3)=1-2+\sqrt{3}+9-3=5+\sqrt{3}$.

【例题 4】若 x,y 是有理数,且满足 $(1+2\sqrt{3})x+(1-\sqrt{3})y-2+5\sqrt{3}=0$,则 x,y 的值分别为(　　).

A. 1,3　　B. −1, 2　　C. −1, 3　　D. 1,2

E. 以上结论都不正确

【答案】C

【解析】将 $(1+2\sqrt{3})x+(1-\sqrt{3})y-2+5\sqrt{3}=0$ 中有理项与无理项(带根号的项)分别合并,得 $(x+y-2)+(2x-y+5)\sqrt{3}=0$,当左边值为 0 时,意味着有理部分和无理部分的系数均为 0,由此可得关于 x,y 的二元一次方程组(解法详见 3.2.2),解得

$$\begin{cases} x+y-2=0 \\ 2x-y+5=0 \end{cases} \Rightarrow \begin{cases} x=-1 \\ y=3 \end{cases}$$

习题演练

(题目前标有“★”为选做题目,其他为必做题目.)

1. a 的相反数与 2 的和为 -1,则 $a=$( ).

A. 1 B. -1 C. 0 D. 3 E. -3

2. 若两个有理数 a,b 在数轴上表示的点如图 1-10 所示,则下列各式中正确的是( ).

图 1-10

A. $a>b$ B. $|a|>|b|$ C. $-a<-b$ D. $-a<|b|$

3. 采用零点分段法化简各式.

(1) $|x+1|$.

(2) $|x-2|+|x+2|$.

★(3) $2|x+2|-|x+4|$.

★(4) $|x+2|+|3x+2|+2$.

4. 若 $-1<x<4$,则 $|x+1|-|x-4|=$______.

5. 已知 $|4x-3|=3-4x$,则 x 的取值范围是______.

6. 利用绝对值的几何意义完成下列题目.

(1)在数轴上,与 -1 表示的点距离为 2 的点对应的数是______.

(2)若 $|x-4|=1$,画图分析 x 的取值.

(3)用绝对值的几何意义求方程 $|x-1|-|3-x|=1$ 的解.

★(4)设 $y=|x-1|+|x+1|$,则下列结论正确的是( ).

A. y 没有最小值 B. 只有一个 x 使 y 取到最小值

C. 有无穷多个 x 使 y 取到最大值 D. 有无穷多个 x 使 y 取到最小值

7. 不相等的有理数在数轴上的对应点分别为 a,b,c,如果 $|a-b|+|b-c|=|a-c|$,那么 a,b,c 在数轴上的位置关系是( ).

A. 点 a 在点 b,c 之间 B. 点 b 在点 a,c 之间

C. 点 c 在点 a,b 之间 D. 以上三种情况均有可能

8. 用竖式除法计算下列各式.

(1) $96\div6$. ★(2) $252\div6$. (3) $132\div11$.

(4) $8\div3$. (5) $28\div5$. (6) $105\div4$.

★(7) $360\div25$. ★(8) $405\div4$. ★(9) $127\div12$.

9. 计算.

(1) $-1-8+3.48-7.64+16.52-2.36=$______.

(2)$5\frac{2}{3}-\frac{1}{4}-\left(-\frac{1}{3}\right)-6-\left(-1\frac{1}{4}\right)=$______.

★(3)$(-1.5)+\left(-\frac{3}{4}\right)+\frac{7}{2}+0.75-2=$______.

★(4)$2\frac{13}{27}+(-8.5)+\left(-6\frac{8}{27}\right)+\left(-\frac{5}{27}\right)+8\frac{1}{2}=$______.

10. 已知 $11a=9b$,求$\frac{11\%a+9\%b}{a+b}$.

11. 已知 m,n 均为质数,且 $3m+2n=28$,则 $mn=$(　　).

A. 22　　B. 20　　C. 24　　D. 21　　E. 18

12. 求下列各题的最大公因数与最小公倍数.

(1)求 4,6,8 的最大公因数与最小公倍数.

(2)求 10,12,15 的最大公因数与最小公倍数.

★(3)求 28,35,60 的最大公因数与最小公倍数.

13. (1)x,y 为整数,下列哪项式子必然为偶数(　　).

A. $3x+5y$　　B. $4x+6y$　　C. $3x-4y$　　D. $x(x+2)$

(2)已知 $3m+2n=50$,则 m 必然为______数.

★(3)设 m,n 是正整数,且$m^2-n^2=72$,下列哪项取值是不可能的(　　).

A. $\begin{cases}m+n=36\\m-n=2\end{cases}$　　B. $\begin{cases}m+n=18\\m-n=4\end{cases}$

C. $\begin{cases}m+n=9\\m-n=8\end{cases}$　　D. $\begin{cases}m+n=12\\m-n=6\end{cases}$

14. (1)计算$\frac{1}{5}+\frac{2}{7}+\frac{3}{10}=$________.

(2)将以下数按从小到大排序.

$$\frac{2}{3}\quad\frac{1}{2}\quad\frac{5}{6}\quad\frac{6}{11}$$

15. (1) $\sqrt{(-3)^2}=$______.

(2)$(-4)^2$的平方根是______,算术平方根是______.

★(3)一个正数的平方根是 $2a-1$ 与 $-a+2$,则 $a=$______,这个正数是______.

★(4)一个数的算术平方根为 a,比这个数大 2 的数是______.

16. (1)$\sqrt[3]{\frac{8}{27}}$ 的立方根为______.

(2)$\sqrt[3]{\frac{8}{27}}+4\sqrt[3]{\frac{1}{27}}=$______.

★(3) $\sqrt[3]{-8}+\sqrt[3]{64}\times\sqrt[3]{\frac{1}{8}}=$______.

★(4)若 $a+3$ 是 9 的平方根,$b+1$ 是 -27 的立方根,则 $a+b=$______.

17. (1)若 $\sqrt{2x-3}$有意义,则 x 的取值范围是______.

(2)式子$\sqrt{\frac{1-x}{x}}=\frac{\sqrt{1-x}}{\sqrt{x}}$成立的条件是______.

★(3) $\sqrt{(x-2)^2}=2-x$ 成立的条件是______.

(4)$\frac{\sqrt{2}\times\sqrt{6}}{\sqrt{3}}=$______.

★(5)$\frac{\sqrt{(-4)^2ab}}{\sqrt{4ab}}=$______.

(6)下列各式成立的是(　　).

A. $\sqrt{\frac{-3}{-5}}=\sqrt{\frac{3}{5}}=\frac{\sqrt{3}}{\sqrt{5}}$

B. $\sqrt{\frac{-7}{-6}}=\frac{\sqrt{-7}}{\sqrt{-6}}$

C. $\sqrt{9\frac{1}{4}}=\sqrt{9}\times\sqrt{\frac{1}{4}}$

D. $\sqrt{\frac{-7}{-9}}=\frac{1}{3}\sqrt{-7}$

18. 利用分子有理化或分母有理化求解.

(1)将式子分母有理化:$\frac{2}{\sqrt{3}+1}=$______.

★(2)将式子分母有理化:$\frac{2}{\sqrt{5}+\sqrt{3}}=$______.

(3)将式子分子有理化:$4+\sqrt{x}=$______.

★(4)计算$\frac{1}{1+\sqrt{2}}+\frac{1}{\sqrt{2}+\sqrt{3}}+\frac{1}{\sqrt{3}+\sqrt{4}}+\cdots+\frac{1}{\sqrt{48}+\sqrt{49}}=$______.

19. 无理数估值及含有无理数的大小比较.

(1)求 $\sqrt{17}$的整数部分.

(2)比较 $3\sqrt{2}$与 $2\sqrt{3}$两个数的大小.

★(3)比较 $4\sqrt{2}$与 $\sqrt{31}$两个数的大小.

★(4)比较$\sqrt{7}-\sqrt{6}$与$\sqrt{6}-\sqrt{5}$的大小.

参考答案

1.【答案】D

【解析】a 的相反数是 $-a$，$-a+2=-1$，$a=3$.

2.【答案】B

【解析】离原点越远的数的绝对值越大，所以 $|a|>|b|$.

3.【解析】(1)点 -1，将实数轴分为 $(-\infty,-1)$，$[-1,+\infty)$ 两个区域，则有

$$|x+1|=\begin{cases}-x-1, x<-1\\ x+1, x\geqslant -1\end{cases}$$

(2)点 -2，2 将实数轴分为 $(-\infty,-2)$，$[-2,2)$，$[2,+\infty)$ 三个区域.

①当 $x<-2$ 时，$|x-2|+|x+2|=-(x-2)+[-(x+2)]=-x+2-x-2=-2x$.

②当 $-2\leqslant x<2$ 时，$|x-2|+|x+2|=-(x-2)+(x+2)=-x+2+x+2=4$.

③当 $x\geqslant 2$ 时，$|x-2|+|x+2|=(x-2)+(x+2)=x-2+x+2=2x$.

综上所述，$|x-2|+|x+2|=\begin{cases}-2x, x<-2\\ 4, -2\leqslant x<2.\\ 2x, x\geqslant 2\end{cases}$

(3)点 -2，-4 将实数轴分为 $(-\infty,-4)$，$[-4,-2)$，$[-2,+\infty)$ 三个区域.

①当 $x<-4$ 时，$2|x+2|-|x+4|=-2(x+2)-[-(x+4)]=-2x-4+x+4=-x$.

②当 $-4\leqslant x<-2$ 时，$2|x+2|-|x+4|=-2(x+2)-(x+4)=-2x-4-x-4=-3x-8$.

③当 $x\geqslant -2$ 时，$2|x+2|-|x+4|=2(x+2)-(x+4)=2x+4-x-4=x$.

综上所述，$2|x+2|-|x+4|=\begin{cases}-x, x<-4\\ -3x-8, -4\leqslant x<-2.\\ x, x\geqslant -2\end{cases}$

(4)点 -2，$-\frac{2}{3}$ 将实数轴分为 $(-\infty,-2)$，$[-2,-\frac{2}{3})$，$[-\frac{2}{3},+\infty)$ 三个区域.

①当 $x<-2$ 时，$|x+2|+|3x+2|+2=-(x+2)+[-(3x+2)]+2=-x-2-3x-2+2=-4x-2$.

②当 $-2\leqslant x<-\frac{2}{3}$ 时，$|x+2|+|3x+2|+2=(x+2)+[-(3x+2)]+2=x+2-3x-2+2=-2x+2$.

③当 $x\geqslant -\frac{2}{3}$ 时，$|x+2|+|3x+2|+2=(x+2)+(3x+2)+2=4x+6$.

综上所述，$|x+2|+|3x+2|+2=\begin{cases}-4x-2, x<-2\\ -2x+2, -2\leqslant x<-\frac{2}{3}.\\ 4x+6, x\geqslant -\frac{2}{3}\end{cases}$

4.【答案】$2x-3$

【解析】当 $-1<x<4$ 时，$x+1>0$，$x-4<0$，所以 $|x+1|=x+1$，$|x-4|=-(x-4)=4-x$，则 $|x+1|-|x-4|=x+1-(4-x)=2x-3$.

5.【解析】$|4x-3|=3-4x$，则 $4x-3\leqslant 0$，即 $4x\leqslant 3$，$x\leqslant \frac{3}{4}$.

6.(1)如图1-11所示，从数轴上观察可得，离-1点距离为2的数为-3或1.

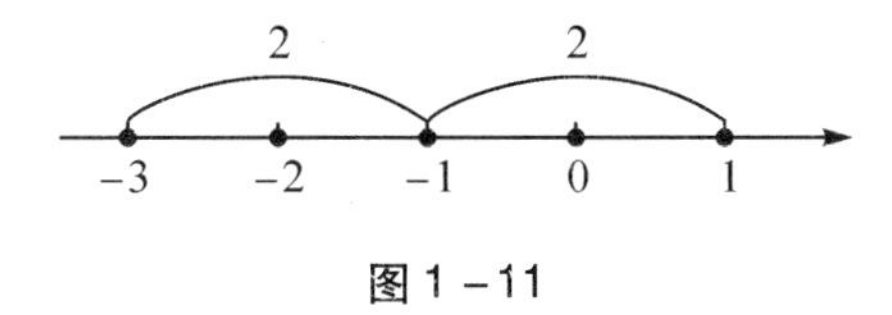

图1-11

(2)$|x-4|=1$ 表示的是点到4的距离为1，由图1-12分析可得，$x=3$ 或 $x=5$.

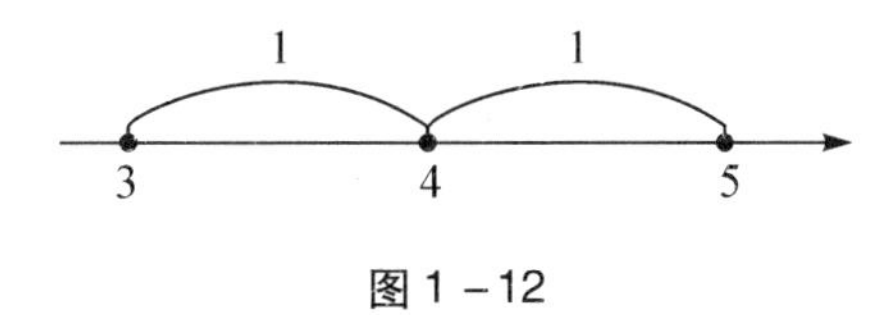

图1-12

(3)$|x-1|-|3-x|=1$ 代表数轴上一点距点1的距离与点3的距离之差为1，也就是距点1的距离比距点3的距离多1，如图1-13所示，可知 $x=2.5$.

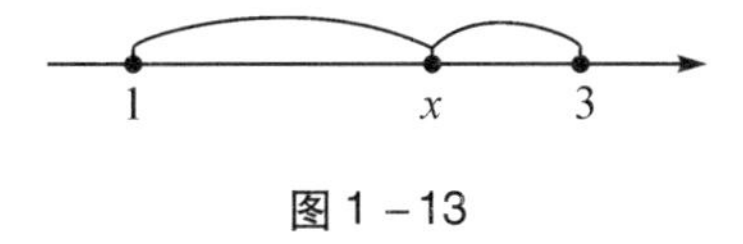

图1-13

(4)【答案】D

【解析】$y=|x-1|+|x+1|$ 表示数轴上点 x 到点-1和点1的距离之和.

当 x 在[-1,1]内的任意位置时，$|x-1|+|x+1|$ 为定值，恒等于-1,1两点之间的距离2，同时这也是两绝对值之和能取到的最小值. 由于[-1,1]内有无穷多个点，因此有无穷多个 x 使 y 取到最小值.

在[-1,1]之外时，随着 x 向左远离点-1，或向右远离点1，$|x-1|+|x+1|$ 的取值也随之增大，且没有上限，即 $y=|x-1|+|x+1|$ 没有最大值.

7.【答案】B

【解析】根据绝对值的几何意义，$|a-b|+|b-c|=|b-a|+|b-c|$ 代表在数轴上，点 b 距点 a 的距离，与点 b 距点 c 的距离之和，$|a-c|$ 代表点 a 距点 c 的距离，如图1-14所示，二者相等，说明点 b 在点 a,c 之间.

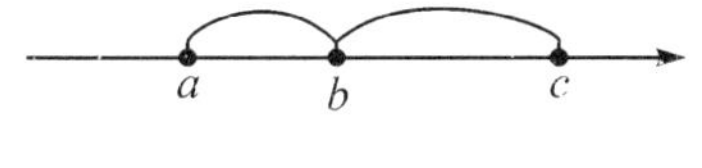

图1-14

8.【解析】(1)96 ÷6.

$$\begin{array}{r} 16 \\ 6\overline{)96} \\ \underline{6} \\ 36 \\ \underline{36} \\ 0 \end{array}$$

96 ÷6 =16

(2)252 ÷6.

$$\begin{array}{r} 42 \\ 6\overline{)252} \\ \underline{24} \\ 12 \\ \underline{12} \\ 0 \end{array}$$

252 ÷6 =42

(3)132 ÷11.

$$\begin{array}{r} 12 \\ 11\overline{)132} \\ \underline{11} \\ 22 \\ \underline{22} \\ 0 \end{array}$$

132 ÷11 =12

(4)8 ÷3.

$$\begin{array}{r} 2 \\ 3\overline{)8} \\ \underline{6} \\ 2 \end{array}$$

8 ÷3 =2……2

(5)28 ÷5.

$$\begin{array}{r} 5 \\ 5\overline{)28} \\ \underline{25} \\ 3 \end{array}$$

28 ÷5 =5……3

(6)105 ÷4.

$$\begin{array}{r} 26 \\ 4\overline{)105} \\ \underline{8} \\ 25 \\ \underline{24} \\ 1 \end{array}$$

105 ÷4 =26……1

(7)360 ÷25.

$$\begin{array}{r} 14 \\ 25\overline{)360} \\ \underline{25} \\ 110 \\ \underline{100} \\ 10 \end{array}$$

360 ÷25 =14……10

(8)405 ÷4.

$$\begin{array}{r} 101 \\ 4\overline{)405} \\ \underline{4} \\ 5 \\ \underline{4} \\ 1 \end{array}$$

405 ÷4 =101……1

(9)127 ÷12.

$$\begin{array}{r} 10 \\ 12\overline{)127} \\ \underline{12} \\ 7 \\ \underline{0} \\ 7 \end{array}$$

127 ÷12 =10……7

9.【解析】

(1) $-1-8+3.48-7.64+16.52-2.36=-9+(3.48+16.52)-(7.64+2.36)=-9+20-10=1.$

(2) $5\frac{2}{3}-\frac{1}{4}-\left(-\frac{1}{3}\right)-6-\left(-1\frac{1}{4}\right)=5\frac{2}{3}-\left(-\frac{1}{3}\right)-\frac{1}{4}-\left(-1\frac{1}{4}\right)-6=6+1-6=1.$

(3) $(-1.5)+\left(-\frac{3}{4}\right)+\frac{7}{2}+0.75-2=(-1.5)-2+\frac{7}{2}+\left(-\frac{3}{4}\right)+0.75=-3.5+\frac{7}{2}+\left(-\frac{3}{4}\right)+0.75=0+0=0.$

(4) $2\frac{13}{27}+(-8.5)+\left(-6\frac{8}{27}\right)+\left(-\frac{5}{27}\right)+8\frac{1}{2}=2\frac{13}{27}+\left(-6\frac{8}{27}\right)+\left(-\frac{5}{27}\right)+(-8.5)+8\frac{1}{2}=2\frac{13}{27}-\left(6\frac{8}{27}+\frac{5}{27}\right)+0=2\frac{13}{27}-6\frac{13}{27}=-4.$

10.【解析】由 $11a=9b$ 得 $a=\frac{9}{11}b$,则有

$$\frac{11\%a+9\%b}{a+b}=\frac{9\%b+9\%b}{\frac{9}{11}b+b}=\frac{\frac{18}{100}b}{\frac{20}{11}b}=\frac{18}{100}\times\frac{11}{20}=\frac{99}{1000}=9.9\%$$

11.【答案】A

【解析】偶 + 偶 = 偶，奇 + 奇 = 偶.

$2n$ 为偶，那么 $3m$ 一定为偶，所以 m 为偶数.

2 是唯一的偶质数，所以 $m=2$，则 $n=11$，$mn=22$.

12.【解析】(1)求4,6,8的最大公因数与最小公倍数.

$$\begin{array}{r|rrr} 2 & 4 & 6 & 8 \\ \hline 2 & 2 & 3 & 4 \\ \hline & 1 & 3 & 2 \end{array}$$

最大公因数是2，最小公倍数是 $2\times2\times1\times3\times2=24$.

(2)求10,12,15的最大公因数与最小公倍数.

$$\begin{array}{r|rrr} 5 & 10 & 12 & 15 \\ \hline 3 & 2 & 12 & 3 \\ \hline 2 & 2 & 4 & 1 \\ \hline & 1 & 2 & 1 \end{array}$$

最大公因数是1，最小公倍数是 $5\times3\times2\times1\times2\times1=60$.

(3)求28,35,60的最大公因数与最小公倍数.

$$\begin{array}{r|rrr} 2 & 28 & 35 & 60 \\ \hline 2 & 14 & 35 & 30 \\ \hline 5 & 7 & 35 & 15 \\ \hline 7 & 7 & 7 & 3 \\ \hline & 1 & 1 & 3 \end{array}$$

最大公因数是1，最小公倍数是 $2\times2\times5\times7\times1\times1\times3=420$.

13.【答案】(1)B；(2)偶；(3)C

【解析】(1)选项A：当 x 和 y 为一奇一偶时，$3x$ 和 $5y$ 也为一奇一偶，奇数 + 偶数 = 奇数；

选项B：4和6均为偶数，所以 x 和 y 为任意整数时，$4x$ 和 $6y$ 均为偶数，由偶数 + 偶数 = 偶数可得，$4x+6y$ 必然为偶数，不可能为奇数；

选项C：当 x 为奇数时，$3x$ 也为奇数，$4y$ 必然为偶数，奇数 − 偶数 = 奇数；

选项D：x 和 $x+2$ 是奇偶性相同的2个数，同为奇数的时候，奇数 × 奇数 = 奇数.

(2)50和 $2n$ 为偶数，偶数 + 偶数 = 偶数，所以 $3m$ 必然为偶数，即 m 为偶数.

(3)$m^2-n^2=(m-n)(m+n)=72=2\times36=4\times18=6\times12=8\times9$.

由于 $m-n$ 与 $m+n$ 具有相同的奇偶性，同为奇数或同为偶数. C选项是一奇一偶的情况，不可能出现.

14.【解析】(1)首先求分母5,7,10的最小公倍数.

5,7,10的最小公倍数是70，则有

$$\frac{1}{5}=\frac{1\times14}{5\times14}=\frac{14}{70}$$

$$\frac{2}{7}=\frac{2\times10}{7\times10}=\frac{20}{70}$$

$$\frac{3}{10}=\frac{3\times7}{10\times7}=\frac{21}{70}$$

所以$\frac{1}{5}+\frac{2}{7}+\frac{3}{10}=\frac{14}{70}+\frac{20}{70}+\frac{21}{70}=\frac{55}{70}=\frac{11}{14}$.

(2)首先求分母2,3,6,11的最小公倍数.

2,3,6,11的最小公倍数是66,则有

$$\frac{2}{3}=\frac{2\times22}{3\times22}=\frac{44}{66}$$

$$\frac{1}{2}=\frac{1\times33}{2\times33}=\frac{33}{66}$$

$$\frac{5}{6}=\frac{5\times11}{6\times11}=\frac{55}{66}$$

$$\frac{6}{11}=\frac{6\times6}{11\times6}=\frac{36}{66}$$

所以$\frac{1}{2}<\frac{6}{11}<\frac{2}{3}<\frac{5}{6}$.

15.【解析】(1) $\sqrt{(-3)^2}=\sqrt{9}=3$.

(2) $(-4)^2=16$,16的平方根是±4,算术平方根是$\sqrt{16}=4$.

(3)正数的两个平方根互为相反数,所以$2a-1=-(-a+2)$.

整理得$2a-1=a-2$,$a=-1$,则

$$2a-1=2\times(-1)-1=-2-1=-3,\ -a+2=-(-1)+2=3$$

所以这个正数是$(-3)^2=3^2=9$.

(4)一个数的算术平方根为a,则这个数是a^2,比这个数大2的数是a^2+2.

16.【答案】(1) $\sqrt[3]{\frac{2}{3}}$; (2)2; (3)0; (4) -4或-10

【解析】(1) $\sqrt[3]{\frac{8}{27}}=\sqrt[3]{\left(\frac{2}{3}\right)^3}=\frac{2}{3}$, $\sqrt[3]{\frac{8}{27}}$的立方根就等于$\frac{2}{3}$的立方根,即$\sqrt[3]{\frac{2}{3}}$.

(2) $\sqrt[3]{\frac{8}{27}}+4\sqrt[3]{\frac{1}{27}}=\sqrt[3]{\left(\frac{2}{3}\right)^3}+4\sqrt[3]{\left(\frac{1}{3}\right)^3}=\frac{2}{3}+\frac{4}{3}=2$.

(3) $\sqrt[3]{-8}+\sqrt[3]{64}\times\sqrt[3]{\frac{1}{8}}=\sqrt[3]{(-2)^3}+\sqrt[3]{(4)^3}\times\sqrt[3]{\left(\frac{1}{2}\right)^3}=(-2)+4\times\frac{1}{2}=0$.

(4)9的平方根是±3,-27的立方根是-3.

当$a+3=3$时,$a=0$,$b=-4$,则$a+b=-4$.

当$a+3=-3$时,$a=-6$,$b=-4$,则$a+b=-10$.

所以$a+b=-4$或-10.

17.【答案】(1) $x\geqslant\frac{3}{2}$; (2) $0<x\leqslant1$; (3) $x\leqslant2$; (4)2; (5)2; (6)A

【解析】(1) $\sqrt{2x-3}$有意义,则$2x-3\geqslant0$,得$x\geqslant\frac{3}{2}$.

(2) $\sqrt{\frac{1-x}{x}}=\frac{\sqrt{1-x}}{\sqrt{x}}$成立,则$x>0$且$1-x\geqslant0$,得$0<x\leqslant1$.

(3)由二次根式的非负性可知,$2-x\geqslant0$,得 $x\leqslant2$.

(4)$\dfrac{\sqrt{2}\times\sqrt{6}}{\sqrt{3}}=\dfrac{\sqrt{2\times6}}{\sqrt{3}}=\sqrt{\dfrac{12}{3}}=\sqrt{4}=2$.

(5)$\dfrac{\sqrt{(-4)^2ab}}{\sqrt{4ab}}=\dfrac{\sqrt{16ab}}{\sqrt{4ab}}=\sqrt{\dfrac{16ab}{4ab}}=\sqrt{4}=2$.

(6)B 和 D 选项:二次根号下为负数,无意义.

C 选项:$\sqrt{9\dfrac{1}{4}}=\sqrt{\dfrac{4\times9+1}{4}}=\sqrt{\dfrac{37}{4}}=\dfrac{\sqrt{37}}{\sqrt{4}}=\dfrac{\sqrt{37}}{2}$.

所以选 A.

18.【答案】(1)$\sqrt{3}-1$;(2)$\sqrt{5}-\sqrt{3}$;(3)$\dfrac{16-x}{4-\sqrt{x}}$;(4)6

【解析】(1)$\dfrac{2}{\sqrt{3}+1}=\dfrac{2\times(\sqrt{3}-1)}{(\sqrt{3}+1)(\sqrt{3}-1)}=\dfrac{2\times(\sqrt{3}-1)}{(\sqrt{3})^2-1^2}=\dfrac{2\times(\sqrt{3}-1)}{3-1}=\dfrac{2\times(\sqrt{3}-1)}{2}$

$=\sqrt{3}-1$.

(2)$\dfrac{2}{\sqrt{5}+\sqrt{3}}=\dfrac{2\times(\sqrt{5}-\sqrt{3})}{(\sqrt{5}+\sqrt{3})(\sqrt{5}-\sqrt{3})}=\dfrac{2\times(\sqrt{5}-\sqrt{3})}{(\sqrt{5})^2-(\sqrt{3})^2}=\dfrac{2\times(\sqrt{5}-\sqrt{3})}{5-3}=\dfrac{2\times(\sqrt{5}-\sqrt{3})}{2}$

$=\sqrt{5}-\sqrt{3}$.

(3)$4+\sqrt{x}=\dfrac{(4+\sqrt{x})(4-\sqrt{x})}{4-\sqrt{x}}=\dfrac{4^2-(\sqrt{x})^2}{4-\sqrt{x}}=\dfrac{16-x}{4-\sqrt{x}}$.

(4)式子分母有理化可得

原式 $=\dfrac{1-\sqrt{2}}{(1+\sqrt{2})(1-\sqrt{2})}+\dfrac{\sqrt{2}-\sqrt{3}}{(\sqrt{2}+\sqrt{3})(\sqrt{2}-\sqrt{3})}+\dfrac{\sqrt{3}-\sqrt{4}}{(\sqrt{3}+\sqrt{4})(\sqrt{3}-\sqrt{4})}+\cdots$

$+\dfrac{\sqrt{48}-\sqrt{49}}{(\sqrt{48}+\sqrt{49})(\sqrt{48}-\sqrt{49})}$

$=\dfrac{1-\sqrt{2}}{-1}+\dfrac{\sqrt{2}-\sqrt{3}}{-1}+\dfrac{\sqrt{3}-\sqrt{4}}{-1}+\cdots+\dfrac{\sqrt{48}-\sqrt{49}}{-1}$

$=\dfrac{(1-\sqrt{2})+(\sqrt{2}-\sqrt{3})+(\sqrt{3}-\sqrt{4})+\cdots(\sqrt{48}-\sqrt{49})}{-1}$

$=\dfrac{1-\sqrt{49}}{-1}=\dfrac{1-7}{-1}=\dfrac{-6}{-1}=6$

19.【解析】

(1)因为 $\sqrt{16}<\sqrt{17}<\sqrt{25}$,即 $4<\sqrt{17}<5$,故有 $\sqrt{17}$ 是一个介于 4 和 5 之间的数字. 所以 $\sqrt{17}$ 的整数部分是 4.

(2)因为 $3\sqrt{2}=\sqrt{3^2}\times\sqrt{2}=\sqrt{3^2\times2}=\sqrt{18}$,$2\sqrt{3}=\sqrt{2^2}\times\sqrt{3}=\sqrt{2^2\times3}=\sqrt{12}$.

又因为 $18>12$,所以 $\sqrt{18}>\sqrt{12}$,即 $3\sqrt{2}>2\sqrt{3}$.

(3)因为$4\sqrt{2}=\sqrt{4^2}\times\sqrt{2}=\sqrt{4^2\times 2}=\sqrt{32}$.

又因为$32>31$,所以$\sqrt{32}>\sqrt{31}$,即$4\sqrt{2}>\sqrt{31}$.

(4)$\sqrt{7}-\sqrt{6}$分子有理化,得$\sqrt{7}-\sqrt{6}=\dfrac{(\sqrt{7}-\sqrt{6})(\sqrt{7}+\sqrt{6})}{\sqrt{7}+\sqrt{6}}=\dfrac{1}{\sqrt{7}+\sqrt{6}}$.

$\sqrt{6}-\sqrt{5}$分子有理化,得$\sqrt{6}-\sqrt{5}=\dfrac{(\sqrt{6}-\sqrt{5})(\sqrt{6}+\sqrt{5})}{\sqrt{6}+\sqrt{5}}=\dfrac{1}{\sqrt{6}+\sqrt{5}}$.

两式分子相同,$\sqrt{7}+\sqrt{6}>\sqrt{6}+\sqrt{5}$,所以$\dfrac{1}{\sqrt{7}+\sqrt{6}}<\dfrac{1}{\sqrt{6}+\sqrt{5}}$.

即$\sqrt{7}-\sqrt{6}<\sqrt{6}-\sqrt{5}$.

第2章 整式、分式

2.1 整式的加减

2.1.1 代数式

一、代数式

1. 代数式

用运算符号(指加、减、乘、除、乘方、开方)把数或表示数的字母连接而成的式子. 单独的一个数或字母也是代数式. 例如 $ax+b$, $-\frac{4}{5}$, c, $7b^2$, $\sqrt{a+2}$等.

注意:(1)不包括=、<、>、≤、≥、≈等符号.

(2)可以有绝对值. 例如$|x|$, $|3-a|$.

在复数范围内,代数式包括有理式和无理式,其中有理式可分为整式和分式,整式包括单项式和多项式.

$$
\text{代数式}\begin{cases}\text{有理式}\begin{cases}\text{整式}\begin{cases}\text{单项式}\\\text{多项式}\end{cases}\\\text{分式}\end{cases}\\\text{无理式(被开方数含有字母)}\end{cases}
$$

2. 有理式

没有开方运算,或有开方运算但被开方数不含字母的代数式. 如 $a+b$, $\sqrt{5}x$. 整式和分式统称为有理式.

3. 无理式

有开方运算,且被开方数含有字母的代数式. 如 $\sqrt{3a}$被开方数含有字母,所以是无理式.

二、整式与分式

1. 整式

没有除法运算或虽有除法运算但除数中不含有字母的有理式叫作整式. 如 $2x^2y^3$,

$\frac{1}{2}x^3+y$. 单项式和多项式统称为整式.

2. 分式

有除法运算并且除数中含有字母的有理式叫作分式. 如$\frac{\sqrt{2}}{a}$被开方数不含字母,所以是有理式,但分母(除数)中含有字母,所以它是分式.

三、单项式与多项式

1. 单项式

由数字或字母的积组成的代数式称为单项式. 单独一个数或一个字母也是单项式,如$5,a,3x^2,\frac{1}{2}a^3b$.

单项式的系数:单项式里的数字因数叫作单项式的系数. 如$-5x$的系数是-5.

单项式的次数:单项式中所有字母的指数的和叫作单项式的次数. 如$3x^2yz$这个单项式,x的指数是2,y的指数是1,z的指数是1,所以单项式$3x^2yz$的次数是$2+1+1=4$次.

2. 多项式

几个单项式的和叫作多项式. 其中,每个单项式叫作多项式的项,不含字母的项叫作常数项. 例如$3x^2+2x^4+5x+6$就是一个多项式,$3x^2,2x^4,5x,6$是多项式的四个项,其中6是常数项.

多项式的次数:多项式里次数最高项的次数,叫作多项式的次数. 如多项式$6x^2+x^4+3x$的次数是4.

多项式的命名:一个多项式含有几项,就叫几项式. 所以我们就根据多项式的项数和次数来命名一个多项式. 如$2n^4-3n^2+1$是一个四次三项式.

【例题1】指出下列各式中的整式、单项式和多项式,是单项式的请指出系数和次数,是多项式的请说出是几次几项式.

(1)$a-3$. (2)5. (3)$\frac{2}{a}-b$. (4)$\frac{x}{2}-y$. (5)$3xy$. (6)$\frac{m-n}{5}$. (7)$1+a\%$. (8)$\frac{1}{2}(a+b)\cdot h$.

【解析】整式:(1)(2)(4)(5)(6)(7)(8).

单项式:(2)(5),其中5的系数是5,次数是0;$3xy$的系数是3,次数是2.

多项式:(1)(4)(6)(7)(8),其中$a-3$是一次二项式;$\frac{x}{2}-y$是一次二项式;$\frac{m-n}{5}$是一次二项式;$1+a\%$是一次二项式;$\frac{1}{2}(a+b)\cdot h$是二次二项式.

2.1.2 合并同类项

一、同类项

定义:所含字母相同,并且相同字母的指数也分别相等的项叫作同类项. 几个常数项也是同类项. 同类项与系数无关,与字母的排列顺序无关. 如 $7x^3y^2$ 与 $\frac{3}{2}y^2x^3$ 是同类项.

判断是否同类项的两个条件:①所含字母相同;②相同字母的指数分别相等,同时具备这两个条件的项是同类项,缺一不可.

二、合并同类项

1. 概念

把多项式中的同类项合并成一项,叫作合并同类项.

2. 法则

合并同类项后,所得项的系数是合并前各同类项的系数的和,且字母部分不变.

运用时应注意:①不是同类项的不能合并,无同类项的项不能遗漏,在每步运算中都含有.

②合并同类项,只把系数相加减,字母、指数不作运算.

【例题 2】若 $7x^ay^4$ 与 $-\frac{7}{9}x^5y^b$ 是同类项,则 $a=$______,$b=$______.

【解析】由同类项的定义,可知 $a=5$,$b=4$.

2.1.3　去括号

一、去括号法则

如果括号外的因数是正数,去括号后原括号内各项的符号与原来的符号相同.

如果括号外的因数是负数,去括号后原括号内各项的符号与原来的符号相反.

去括号时,首先要弄清括号前面是"+"号,还是"-"号,然后再根据法则去掉括号及前面的符号. 去括号只是改变式子形式,但不改变式子的值,它属于多项式的恒等变形.

二、整式的加减运算法则

一般地,几个整式相加减,如果有括号就先去括号,然后再合并同类项.

整式加减的一般步骤是:①先去括号;②再合并同类项.

【例题 3】已知 $x=\frac{1}{2}$,$y=-1$,求 $5(2x^2y-3x)-2(4x-3x^2y)$ 的值.

【解析】$5(2x^2y-3x)-2(4x-3x^2y)=10x^2y-15x-8x+6x^2y=16x^2y-23x$.

将 $x=\frac{1}{2}$,$y=-1$ 代入,$16x^2y-23x=16\times\left(\frac{1}{2}\right)^2\times(-1)-23\times\frac{1}{2}=-\frac{31}{2}$.

【例题 4】若 $3x^{m+5}y^2$ 与 x^3y^n 的和是单项式,则 $m^n=$______.

【解析】由于 $3x^{m+5}y^2$ 与 x^3y^n 的和是单项式,所以 $3x^{m+5}y^2$ 与 x^3y^n 是同类项,则 $m+5=3$,$n=2$,则 $m^n=(-2)^2=4$.

【例题 5】已知$x^2-2y=1$，那么$2x^2-4y+3=$______.

【解析】此题采用整体代入的思想，由于$x^2-2y=1$，所以$2(x^2-2y)=2x^2-4y=2$，$2x^2-4y+3=2+3=5$.

2.2 整式的乘除

2.2.1 幂的运算

一、同底数幂的乘法性质

$a^m\cdot a^n=a^{m+n}$（其中m,n都是正整数）. 即同底数幂相乘，底数不变，指数相加.

（1）同底数幂是指底数相同的幂，底数可以是任意的实数，也可以是单项式、多项式.

（2）三个或三个以上同底数幂相乘时，也具有这一性质，即$a^m\cdot a^n\cdot a^p=a^{m+n+p}$（$m,n,p$都是正整数）. 如$4^2\times4^3\times4^4=4^{2+3+4}=4^9$.

（3）逆用公式：把一个幂分解成两个或多个同底数幂的积，其中它们的底数与原来的底数相同，它们的指数之和等于原来的幂的指数. 即$a^{m+n}=a^m\cdot a^n$（m,n都是正整数）.

二、幂的乘方法则

$(a^m)^n=a^{mn}$（其中m,n都是正整数）. 即幂的乘方，底数不变，指数相乘. 如$[(-m)^3]^2=(-m)^6=m^6$.

（1）公式的推广：$((a^m)^n)^p=a^{mnp}$（$a\neq0$，m,n,p均为正整数）.

（2）逆用公式：$a^{mn}=(a^m)^n=(a^n)^m$，根据题目的需要常常逆用幂的乘方运算能将某些幂变形，从而解决问题.

三、积的乘方法则

$(ab)^n=a^n\cdot b^n$（其中n是正整数）. 即积的乘方，等于把积的每一个因式分别乘方，再把所得的幂相乘.

（1）公式的推广：$(abc)^n=a^n\cdot b^n\cdot c^n$（$n$为正整数）.

（2）逆用公式：$a^n\cdot b^n=(ab)^n$逆用公式适当的变形可简化运算过程，尤其是遇到底数互为倒数时，计算更简便. 如$\left(\frac{1}{2}\right)^{10}\times2^{10}=\left(\frac{1}{2}\times2\right)^{10}=1$.

【例题 1】已知$2^{x+2}=20$，求2^x的值.

【解析】由$a^{m+n}=a^m\cdot a^n$可得，$2^{x+2}=2^x\times2^2=2^x\times4=20$，所以$2^x=5$.

【例题 2】已知$x^a=2$，$x^b=3$，求x^{3a+2b}的值.

【解析】$x^{3a+2b}=x^{3a}\cdot x^{2b}=(x^a)^3\cdot(x^b)^2=2^3\times3^2=8\times9=72$.

【例题3】计算$(-8)^{17}\times0.125^{15}$.

【解析】$(-8)^{17}\times0.125^{15}=-8^{17}\times\left(\frac{1}{8}\right)^{15}=-8^{2}\times8^{15}\times\left(\frac{1}{8}\right)^{15}=-8^{2}\times\left(8\times\frac{1}{8}\right)^{15}=-64$.

四、同底数幂的除法

同底数幂相除，底数不变，指数相减，即$a^{m}\div a^{n}=a^{m-n}$，($a\neq0$，m，n都是正整数，并且$m>n$)如$a^{5}\div a^{3}=a^{5-3}=a^{2}$.

五、零指数幂

任何不等于0的数的0次幂都等于1，即$a^{0}=1(a\neq0)$. 底数a不能为0，0^{0}无意义. 如$a^{5}\div a^{5}=a^{5-5}=a^{0}=1(a\neq0)$.

六、负整数指数幂

任何不等于零的数的$-n$(n为正整数)次幂，等于这个数的n次幂的倒数，即$a^{-n}=\frac{1}{a^{n}}$($a\neq0$，n是正整数). 如$a^{5}\div a^{6}=a^{5-6}=a^{-1}=\frac{1}{a}$，$(2xy)^{-1}=\frac{1}{2xy}(xy\neq0)$，$(a+b)^{-5}=\frac{1}{(a+b)^{5}}$ $(a+b\neq0)$.

2.2.2 整式的乘法

一、单项式的乘法法则

单项式与单项式相乘，把它们的系数、相同字母分别相乘，对于只在一个单项式里含有的字母，则连同它们的指数作为积的一个因式.

如计算$3ab^{2}\cdot\left(-\frac{1}{3}a^{2}b\right)\cdot2abc$.

步骤：①积的系数等于各系数的积，即$3\times\left(-\frac{1}{3}\right)\times2=-2$；②相同字母相乘，利用同底数幂的乘法，即$a\cdot a^{2}\cdot a=a^{4}$，$b^{2}\cdot b\cdot b=b^{4}$；③只在一个单项式里含有的字母，要连同它的指数写在积里作为积的一个因式，即c. 所以结果为$-2a^{4}b^{4}c$，运算的结果仍为单项式，也是由系数、字母、字母的指数这三部分组成.

二、单项式与多项式相乘的运算法则

单项式与多项式相乘，就是用单项式去乘多项式的每一项，再把所得的积相加. 即$m(a+b+c)=ma+mb+mc$. 如$2x(x+3)=2x\cdot x+2x\cdot3=2x^{2}+6x$.

三、多项式与多项式相乘的运算法则

多项式与多项式相乘，先用一个多项式的每一项乘另一个多项式的每一项，再把所得的积相加. 即$(a+b)(m+n)=am+an+bm+bn$. 如$(2x+3)(x-5)=2x\cdot x+2x\cdot(-5)+3\cdot x+3\cdot(-5)=2x^2-10x+3x-15=2x^2-7x-15$.

【例题4】满足以下哪个条件时，ax^2+bx+1与$3x^2-4x+5$的积不含x的一次方项和三次方项.

(1)$a:b=3:4$　　　　(2)$a=\frac{3}{5}, b=\frac{4}{5}$.

【解析】将两多项式相乘得$(ax^2+bx+1)(3x^2-4x+5)=3ax^4+(3b-4a)x^3+(5a-4b+3)x^2+(5b-4)x+5$，题干要求不含$x$的一次方项和三次方项，即要求$x$的一次方项和三次方项系数为0，故有

$$\begin{cases}5b-4=0\\3b-4a=0\end{cases}\Rightarrow\begin{cases}b=\dfrac{4}{5}\\a=\dfrac{3}{5}\end{cases}$$

(解法详见3.2.2.)

因此条件(2)满足.

【技巧】事实上，在考查多项式乘法的题目中，往往不需要完全将多项式乘开后合并同类项；由于两个多项式中的m次方项和n次方项的乘积将得到$m+n$次方. 本题的乘积中x的一次方项由两个多项式中分别取一个常数项和一次方项结合而成，即$bx\cdot5$与$1\cdot(-4x)$，可迅速得到一次方项系数为$5b-4$，同理可得三次方项系数.

2.2.3　整式的除法

一、单项式除以单项式法则

单项式相除，把系数与同底数幂分别相除作为商的因式，对于只有被除式里含有的字母，则连同它的指数作为商的一个因式.

(1)法则包括三个方面：①系数相除；②同底数幂相除；③只在被除式里出现的字母，连同它的指数作为商的一个因式.

(2)单项式除法的实质即有理数的除法(系数部分)和同底数幂的除法的组合，单项式除以单项式的结果仍为单项式.

二、多项式除以单项式法则

多项式除以单项式：先把多项式的每一项除以这个单项式，再把所得的商相加. 即$(am+bm+cm)\div m=am\div m+bm\div m+cm\div m=a+b+c$.

(1)由法则可知,多项式除以单项式转化为单项式除以单项式来解决,其实质是将它分解成多个单项式除以单项式.

(2)利用法则计算时,多项式的各项要包括它前面的符号,要注意符号的变化.

2.2.4　乘法公式

1. 平方差公式:$(a+b)(a-b)=a^2-b^2$

两个数的和与这两个数的差的积,等于这两个数的平方差. 在这里,a,b 既可以是具体数字,也可以是单项式或多项式.

平方差公式的典型特征:既有相同项,又有"相反项",而结果是"相同项"的平方减去"相反项"的平方.

抓住公式的几个变形形式利于理解公式,但是关键仍然是把握平方差公式的典型特征. 常见的变式有以下几种类型:

①位置变化:如$(a+b)(-b+a)$,利用加法交换律可以转化为公式的标准型. $(a+b)(-b+a)=(a+b)(a-b)=a^2-b^2$.

②系数变化:如$(3x+5y)(3x-5y)=(3x)^2-(5y)^2$.

③指数变化:如$(m^3+n^2)(m^3-n^2)=(m^3)^2-(n^2)^2$.

④符号变化:如$(-a-b)(a-b)=-(a+b)(a-b)=-(a^2-b^2)$.

⑤增项变化:如$(m+n+p)(m-n+p)=(m+p)^2-(n)^2$.

⑥增因式变化:如$(a-b)(a+b)(a^2+b^2)(a^4+b^4)=(a^2-b^2)(a^2+b^2)(a^4+b^4)=(a^4-b^4)(a^4+b^4)=a^8-b^8$.

【例题5】用平方差公式计算下列各式.

(1)$(2a+3b)(2a-3b)$.

(2)$(-2+x)(-2-x)$.

(3)$(-3x-2y)(2y-3x)$.

(4)$(1+3)(1+3^2)(1+3^4)$.

【解析】(1)$(2a+3b)(2a-3b)=(2a)^2-(3b)^2=4a^2-9b^2$.

(2)$(-2+x)(-2-x)=-(x-2)(x+2)=-(x^2-2^2)=4-x^2$.

(3)$(-3x-2y)(2y-3x)=-(2y+3x)(2y-3x)=-[(2y)^2-(3x)^2=-(4y^2-9x^2)=9x^2-4y^2$.

(4)由平方差公式得

$$(1+3)(1-3)=1-3^2$$

$$(1-3^2)(1+3^2)=1-3^4$$

$$(1-3^4)(1+3^4)=1-3^8$$

所以可凑配平方差进行求解,即

$$
\begin{aligned}
&(1+3)(1+3^2)(1+3^4)\\
&=\frac{(1-3)(1+3)(1+3^2)(1+3^4)}{1-3}\\
&=\frac{(1-3^2)(1+3^2)(1+3^4)}{1-3}\\
&=\frac{(1-3^4)(1+3^4)}{1-3}\\
&=\frac{1-3^8}{-2}\\
&=\frac{3^8-1}{2}
\end{aligned}
$$

2. 完全平方公式：$(a\pm b)^2=a^2\pm 2ab+b^2$

两数和（差）的平方等于这两数的平方和加上（减去）这两数乘积的 2 倍.

公式特点：左边是两数的和（或差）的平方，右边是二次三项式，是这两数的平方和加（或减）这两数之积的 2 倍.

【例题 6】用完全平方公式计算下列各式.

(1) $(3a+b)^2$.

(2) $(-3+2a)^2$.

(3) $(-2x-3y)^2$.

【解析】(1) $(3a+b)^2=(3a)^2+2\times 3a\times b+b^2=9a^2+6ab+b^2$.

(2) $(-3+2a)^2=(2a-3)^2=(2a)^2-2\times 2a\times 3+3^2=4a^2-12a+9$.

(3) $(-2x-3y)^2=(2x+3y)^2=(2x)^2+2\times 2x\times 3y+(3y)^2=4x^2+12xy+9y^2$.

3. 立方和、立方差公式：$a^3\pm b^3=(a\pm b)(a^2\mp ab+b^2)$

【例题 7】已知 $x+\frac{1}{x}=3$，则$x^3+\frac{1}{x^3}=$______.

【解析】由立方和公式：$a^3+b^3=(a+b)(a^2-ab+b^2)$ 可得

$$x^3+\frac{1}{x^3}=\left(x+\frac{1}{x}\right)\left(x^2-x\cdot\frac{1}{x}+\frac{1}{x^2}\right)=\left(x+\frac{1}{x}\right)\left(x^2-1+\frac{1}{x^2}\right)$$

$$\left(x+\frac{1}{x}\right)^2=x^2+2+\frac{1}{x^2}$$

$$x^2+\frac{1}{x^2}=\left(x+\frac{1}{x}\right)^2-2=3^2-2=7$$

$$x^3+\frac{1}{x^3}=3\times(7-1)=18$$

4. 完全立方常用公式：$(a\pm b)^3=a^3\pm 3a^2b+3ab^2\pm b^3$

$$(a+b)^3=a^3+3a^2b+3ab^2+b^3$$

$$(a-b)^3=a^3-3a^2b+3ab^2-b^3$$

2.2.5　恒等变形

一、求因式

把一个多项式化为几个整式的积的形式,这种变形叫作多项式的因式分解,因式分解也叫作分解因式.

因式分解常用方法如下:

1. 提公因式法

$ma+mb+mc=m(a+b+c)$

【例题 8】分解因式: $-3a^2b^3+6a^3b^2c+3a^2b$.

【解析】原式 $=-(3a^2b^3-6a^3b^2c-3a^2b)$

$=-3a^2b(b^2-2abc-1)$

2. 公式法

平方差公式: $a^2-b^2=(a+b)(a-b)$.

完全平方公式: $a^2+2ab+b^2=(a+b)(a+b)=(a+b)^2$;

$a^2-2ab+b^2=(a-b)(a-b)=(a-b)^2$.

立方和公式: $a^3+b^3=(a+b)(a^2-ab+b^2)$.

立方差公式: $a^3-b^3=(a-b)(a^2+ab+b^2)$.

【例题 9】分解因式: $25(a+b)^2-9(a-b)^2$.

【解析】原式 $=[5(a+b)]^2-[3(a-b)]^2$

$=[5(a+b)+3(a-b)][5(a+b)-3(a-b)]$

$=(8a+2b)(2a+8b)$

$=4(4a+b)(a+4b)$

【例题 10】分解因式: x^5-16x.

【解析】原式 $=x(x^4-16)$

$=x(x^2+4)(x^2-4)$

$=x(x^2+4)(x+2)(x-2)$

【例题 11】分解因式: a^7-ab^6.

【解析】原式 $=a(a^6-b^6)$

$=a(a^3+b^3)(a^3-b^3)$

$=a(a+b)(a^2-ab+b^2)(a-b)(a^2+ab+b^2)$

$=a(a+b)(a-b)(a^2+ab+b^2)(a^2-ab+b^2)$

3. 十字相乘法

十字相乘法用于一元二次多项式的因式分解,分以下两种情况:

①二次项系数为 1:在多项式 x^2+px+q 中,如果 q 能分解为 a,b 的积 $(q=ab)$,并且 p 能

分解为 a,b 的和($p=a+b$),则$x^2+px+q=x^2+(a+b)x+ab=(x+a)(x+b)$;②二次项系数不为1:在多项式$kx^2+mx+n$ 中如果有 $k=ab,n=cd$,并且 $ad+bc=m$,则 $kx^2+mx+n=(ax+c)(bx+d)$.

【例题 12】分解因式:$x^2+4x-12$.

【解析】由十字相乘法可得

$$\begin{array}{ccc} & x^2+4x-12 & \\ x & & -2 \\ & \times & \\ x & & +6 \end{array}$$

$$-12=(-2)\times(+6)$$
$$4=(-2)+(+6)$$

所以,原式$=(x-2)(x+6)$.

【例题 13】分解因式:$12x^2-5x-2$.

【解析】由十字相乘法可得

$$\begin{array}{ccc} & 12x^2-5x-2 & \\ 3x & & -2 \\ & \times & \\ 4x & & +1 \end{array}$$

$$12=3\times4$$
$$-2=(-2)\times(+1)$$
$$-5=3\times(+1)+4\times(-2)$$

所以,原式$=(3x-2)(4x+1)$.

4. 拆项补项法

在对某些多项式分解因式时,需要恢复那些被合并或相互抵消的项,即把多项式中的某一项拆成两项或多项,叫作拆项;在多项式中添上两个仅符号相反的项,称为添项.拆项、添项的目的是使多项式能用分组分解法进行因式分解.

【例题 14】分解因式:$4x^2-y^2+2x-y$.

【解析】将 $4x^2-y^2$分解为$(2x+y)(2x-y)$,则

原式$=(2x+y)(2x-y)+(2x-y)$

$=(2x-y)(2x+y+1)$

【例题 15】分解因式:x^3-9x+8.

【解析】给题目中添加两项 $-x^2+x^2$则

原式$=x^3-x^2+x^2-9x+8$

$=x^2(x-1)+(x-8)(x-1)$

$=(x-1)(x^2+x-8)$

5. 配方法

对于某些不能利用公式法的多项式,可以将其配成一个完全平方式,这种分解因式的方

法叫作配方法. 配方法属于拆项、补项法的一种特殊情况.

【例题16】分解因式：x^2+6x+8.

【解析】原式 $=x^2+6x+9-1=(x+3)^2-1=(x+3+1)(x+3-1)=(x+4)(x+2)$

【例题17】分解因式：$2x^2-4x-9$.

【解析】原式 $=2x^2-4x+2-11$

$$=2(x-1)^2-11=2\left[(x-1)^2-\left(\frac{\sqrt{22}}{2}\right)^2\right]=2\left(x-1+\frac{\sqrt{22}}{2}\right)\left(x-1-\frac{\sqrt{22}}{2}\right)$$

6. 换元法

解数学题时，把某个式子看成一个整体，用一个变量去代替它，从而使问题得到简化，这叫作换元法(用换元法完成因式分解后要进行还原).

【例题18】分解因式：$x^6+14x^3y+49y^2$.

【解析】$x^6=(x^3)^2$，把单项式 x^3 换元，设 $x^3=m$，则 $x^6=m^2$，原式变形为

原式 $=m^2+14my+49y^2$

$=(m+7y)^2$

$=(x^3+7y)^2$

【例题19】已知 $a_1a_n>0$，$M=(a_1+a_2+\cdots+a_{n-1})(a_2+a_3+\cdots+a_n)$，$N=(a_1+a_2+\cdots+a_n)(a_2+a_3+\cdots+a_{n-1})$，判断 M 和 N 的大小.

【答案】$M>N$

【解析】我们观察到两个表达式中具有较多的相同部分，因此考虑使用换元法，即将相同部分看成整体，进行代换化简.

令 $a_2+\cdots+a_{n-1}=T$，则 $M=(a_1+a_2+\cdots+a_{n-1})(a_2+a_3+\cdots+a_n)=(T+a_1)(T+a_n)$，$N=(a_1+a_2+\cdots+a_n)(a_2+a_3+\cdots+a_{n-1})=(T+a_1+a_n)T$.

两式相减得 $M-N=(T+a_1)(T+a_n)-(T+a_1+a_n)T=T^2+a_nT+a_1T+a_1a_n-T^2-a_1T-a_nT=a_1a_n$，因为 $a_1a_n>0$，所以 $M-N>0$，则 $M>N$.

二、求系数

1. 对应项的系数相等

【例题20】$x(1-3x)^3=a_1x+a_2x^2+a_3x^3+a_4x^4$ 对所有实数 x 都成立，则 $a_1+a_2+a_3+a_4=$(　　).

A. -4　　B. 5　　C. -1　　D. -8　　E. 7

【答案】D

【解析】$x(1-3x)^3=x-9x^2+27x^3-27x^4$，根据对应项系数相等，可得 $a_1=1$，$a_2=-9$，$a_3=27$，$a_4=-27$，所以 $a_1+a_2+a_3+a_4=-8$.

2. 待定系数法

待定系数法是一种求代数式中未知系数的方法. 一般步骤为：将一个多项式表示成另一种含有待定系数的新的形式，这样就得到一个恒等式，然后根据恒等式的性质得出系数应满

足的方程(组),解方程(组)求出待定系数.

【例题 21】若x^2+ax+9是完全平方式,则 $a=($　　$)$.

【解析】由于给定多项式是二次,且为完全平方式,故它为某一次式的完全平方式,可设 $x^2+ax+9=(x+b)^2=x^2+2bx+b^2$,根据对应系数相等可知$\begin{cases}a=2b\\9=b^2\end{cases}\Rightarrow\begin{cases}b=\pm3\\a=\pm6\end{cases}$(解法详见 3.3.2).

在求一个函数时,如果知道这个函数的一般形式,可先把所求函数写为一般形式,其中系数待定,然后再根据题设条件求出这些待定系数.

【例题 22】已知一次函数的图像经过点(3,5)与(−4,−9),求这个一次函数的解析式.

【解析】设这个一次函数的解析式为 $y=kx+b$　　←设

把 $x=3,y=5;x=-4,y=-9$ 分别代入上式得　　←代

$$\begin{cases}3k+b=5\\-4k+b=-9\end{cases}$$

解得$\begin{cases}k=2\\b=-1\end{cases}$(解法详见 3.2.2)　　←解

一次函数的解析式为 $y=2x-1$.　　←写

2.3 分式

一、定义

分式是形如$\frac{A}{B}$的式子,其中 A,B 是整式,B 中含有字母. 一个分式不能约分时,这个分式称为最简分式.

分式是不同于整式的一类代数式,分式的值随分式中字母取值的变化而变化. 判断一个式子是否是分式,不要看式子是否是$\frac{A}{B}$的形式,关键要满足:分式的分母中必须含有字母,分子分母均为整式. 无需考虑该分式是否有意义,即分母是否为零. 例如$\frac{2}{x},\frac{y}{y+1}$都是分式,而$\frac{y+5}{2}$不是分式,因为分母中不含有字母,所以是整式.

二、分式条件

(1)分式有意义条件:分母不为 0.

例如$\frac{y}{y+1}$有意义,则 $y\neq-1$.

(2)分式值为 0 条件:分子为 0 且分母不为 0.

例如$\frac{x^2-3x+2}{x-1}=0$，$x^2-3x+2=(x-1)(x-2)=0$且$x-1\neq0$，得$x=2$.

(3)分式值为正(负)数条件：分子分母同号得正，异号得负.

例如$\frac{1}{x}$，当$x>0$时，$\frac{1}{x}>0$；当$x<0$时，$\frac{1}{x}<0$.

(4)分式值为1的条件：分子=分母$\neq0$.

例如$\frac{2}{x+1}=1$，则$x+1=2$，$x=1$.

(5)分式值为-1的条件：分子分母互为相反数，且都不为0.

例如$\frac{2}{x+1}=-1$，则$x+1=-2$，$x=-3$.

三、分式的基本性质

分式的分子和分母同时乘以(或除以)同一个不为0的整式，分式的值不变. 用式子表示为

$$\frac{A}{B}=\frac{A\times C}{B\times C}=\frac{A\div C}{B\div C}$$

其中A,B,C为整式，且$B,C\neq0$.

四、运算法则

$\frac{a}{b}\times\frac{c}{d}=\frac{ac}{bd}(bd\neq0)$

$\frac{a}{b}\div\frac{c}{d}=\frac{a}{b}\times\frac{d}{c}=\frac{ad}{bc}(bcd\neq0)$

$\frac{a}{b}\pm\frac{d}{c}=\frac{ac}{bc}\pm\frac{bd}{bc}=\frac{ac\pm bd}{bc}(bc\neq0)$(同分数的通分.)

$\left(\frac{a}{b}\right)^n=\frac{a^n}{b^n}(b\neq0)$

$\sqrt[n]{\frac{a}{b}}=\frac{\sqrt[n]{a}}{\sqrt[n]{b}}(a\geqslant0,b>0)$

【例题】已知p,q为非零实数，当$\frac{1}{p}+\frac{1}{q}=1$时，能否确定$\frac{p}{q(p-1)}$的值.

【解析】$\frac{1}{p}+\frac{1}{q}=1$，通分得$p+q=pq$，则$\frac{p}{q(p-1)}=\frac{p}{pq-q}=\frac{p}{p+q-q}=1$，为定值，所以能确定.

习题演练

（题目前标有“★”为选做题目，其他为必做题目.）

1. 寻找及合并同类项.

(1)$2a^2+3a^2$.　　(2)$3x^2y^3-y^3x^2$.　　★(3)$(a-b)^2+(b-a)^2+(a-b)^3$.

2. 去括号.

(1)$-16(x-0.5)$.　　(2)$d-2(3a-2b+3c)$.　　★(3)$-(-xy-1)+(-x+y)$.

3. 先化简，再求值.

(1)$2a(a-1)-(a-2)^2$，其中 $a=-3$.

(2)$3x^2y-4xy^2-3+5x^2y+2xy^2+5$，其中 $x=1,y=-1$.

★(3)$(p-q)^2+2(p-q)-\frac{1}{3}(q-p)^2-3(p-q)$，其中 $p=2,q=1$.

4. 幂的运算.

(1)$5^2\times5^3\times5^4$.　　★(2)$2a^3\cdot a^4-a^6\cdot a$.　　(3)$[(-m)^3]^4$.

★(4)$(-2ab^2)^3$.　　(5)$\frac{a^{-1}}{2}$.　　★(6)$2a^{-1}(4b)^{-2}$.

(7)$(4x)^{\frac{1}{2}}$.　　★(8)$(8a^3)^{\frac{1}{3}}$.

5. 含有指数的分式化简求值.

(1)$(-8)^9\times0.125^7$.

(2)$6\cdot\left(\frac{1}{3}\right)^{n-1}$和下列哪一项是相等的（　　）.

A. $2\cdot\left(\frac{1}{3}\right)^{n-2}$　　B. $2\cdot\left(\frac{1}{3}\right)^{n}$　　C. $3\cdot\left(\frac{1}{3}\right)^{n-2}$　　D. $3\cdot\left(\frac{1}{3}\right)^{n}$

6. 含有根式的化简求值.

(1) $2\sqrt{\frac{1}{2x}}$和下列哪一项是相等的（　　）.

A. $\sqrt{\frac{1}{x}}$　　B. $\sqrt{\frac{2}{x}}$　　C. $\sqrt{\frac{1}{4x}}$　　D. $\sqrt{\frac{4}{x}}$

★(2)$\frac{-\frac{5}{3}}{\sqrt{\frac{1}{3}}}=$（　　）.

A. $-\frac{3\sqrt{3}}{5}$　　B. $-\frac{5\sqrt{3}}{9}$　　C. $-\frac{5\sqrt{3}}{3}$　　D. $-\frac{9\sqrt{3}}{5}$

7. 按乘法公式将下列各式展开.

(1)$(-3+2a)^2=$________.

(2) $(2a+b)(4a^2+b^2)(2a-b)=$________.

(3) $(2x+3)^3=$________.

8. 计算.

(1) $(4x^3y^4)^2\div(2x^2y^2)^2$.　　★(2) $[(x+2y)(x-2y)+4(x-y)^2]\div 6x$.

9. 用竖式除法计算下面的几个表达式的值.

(1) $2x-3$ 除以 $x-1$；

(2) x^2+2x+1 除以 $x-1$；

★(3) $2x^3+4x^2-1$ 除以 x^2+1.

10. 用提公因式法或公式法将下列多项式因式分解.

(1) $5ax+5bx+3ay+3by$.　　★(2) x^3-x^2+x-1.

(3) $(x-y)^2+y-x$.　　★(4) $(x+y)^2-6(x+y)+9$.

(5) $3ax^2+6axy+3ay^2$.　　★(6) $-x^2-4y^2+4xy$.

11. 用十字相乘法将下列多项式因式分解.

(1) x^2-5x+6.　　(2) $3x^2-x-2$.　　★(3) $4x^2-4x-3$.

(4) $2x^2-ax-6a^2$.　　★(5) $-3x^2-16x+12$.

12. 计算.

(1) $\frac{1}{3a^2}+\frac{1}{2ab}$.　　★(2) $\frac{3}{x+2}+\frac{1}{2-x}-\frac{2x}{4-x^2}$.　　(3) $\frac{a^2}{a-1}-a-1$.

13. 将下式用裂项相消进行化简.

(1) $\frac{1}{(x+1)(x+3)}$.

★(2) $1+\frac{1}{2}+\frac{1}{6}+\frac{1}{12}+\frac{1}{20}$.

★(3) $\frac{1}{x^2+3x+2}+\frac{1}{x^2+5x+6}+\frac{1}{x^2+7x+12}$.

参考答案

1.【解析】(1)$2a^2+3a^2=5a^2$.

(2)$3x^2y^3-y^3x^2=2x^2y^3$.

(3)$(a-b)^2+(b-a)^2+(a-b)^3=(a-b)^2+(a-b)^2+(a-b)^3=2(a-b)^2+(a-b)^3$
$=(a-b)^2(2+a-b)$.

2.【解析】

(1)$-16(x-0.5)=-16x+8$.

(2)$d-2(3a-2b+3c)=d-(6a-4b+6c)=d-6a+4b-6c$.

(3)$-(-xy-1)+(-x+y)=xy+1-x+y$.

3.【答案】(1) -1;(2) -8;(3) $-\frac{1}{3}$

【解析】

(1)$2a(a-1)-(a-2)^2=2a^2-2a-(a^2-4a+4)=2a^2-2a-a^2+4a-4=a^2+2a-4$.

当 $a=-3$ 时,原式$=(-3)^2+2\times(-3)-4=9-6-4=-1$.

(2)$3x^2y-4xy^2-3+5x^2y+2xy^2+5=3x^2y+5x^2y-4xy^2+2xy^2-3+5=8x^2y-2xy^2+2$.

当 $x=1,y=-1$ 时,原式$=8\times1^2\times(-1)-2\times1\times(-1)^2+2=-8-2+2=-8$.

(3)$(p-q)^2+2(p-q)-\frac{1}{3}(q-p)^2-3(p-q)=(p-q)^2-\frac{1}{3}(p-q)^2+2(p-q)-3(p-q)=\frac{2}{3}(p-q)^2-(p-q)$.

当 $p=2,q=1$ 时,$p-q=1$,原式$=\frac{2}{3}\times1^2-1=-\frac{1}{3}$.

4.【解析】

(1)$5^2\times5^3\times5^4=5^{2+3+4}=5^9$.

(2)$2a^3\cdot a^4-a^6\cdot a=2a^7-a^7=a^7$.

(3)$[(-m)^3]^4=(-m)^{12}=m^{12}$.

(4)$(-2ab^2)^3=(-2)^3\cdot a^3\cdot(b^2)^3=-8a^3b^6$.

(5)$\frac{a^{-1}}{2}=\frac{1}{2a}$.

(6)$2a^{-1}(4b)^{-2}=\frac{2}{a}\cdot\frac{1}{(4b)^2}=\frac{2}{a}\cdot\frac{1}{16b^2}=\frac{1}{8ab^2}$.

(7)$(4x)^{\frac{1}{2}}=\sqrt{4x}=2\sqrt{x}$.

(8)$(8a^3)^{\frac{1}{3}}=8^{\frac{1}{3}}\cdot(a^3)^{\frac{1}{3}}=\sqrt[3]{8}\cdot a=2a$.

5.【答案】(1) -64;(2) A

【解析】

(1)$(-8)^9\times0.125^7=(-8)^2\times(-8)^7\times\left(\frac{1}{8}\right)^7=(-8)^2\times(-1)=-64$.

(2) $6\cdot\left(\frac{1}{3}\right)^{n-1}=2\cdot3\cdot\left(\frac{1}{3}\right)^{n-1}=2\cdot\left(\frac{1}{3}\right)^{-1}\cdot\left(\frac{1}{3}\right)^{n-1}=2\cdot\left(\frac{1}{3}\right)^{n-1-1}=2\cdot\left(\frac{1}{3}\right)^{n-2}$.

6.【答案】(1)B；(2)C

【解析】(1) $2\sqrt{\frac{1}{2x}}=\sqrt{4}\sqrt{\frac{1}{2x}}=\sqrt{\frac{4}{2x}}=\sqrt{\frac{2}{x}}$.

(2) $\frac{-\frac{5}{3}}{\sqrt{\frac{1}{3}}}=\frac{-\frac{5}{3}}{\frac{1}{\sqrt{3}}}=-\frac{5}{3}\sqrt{3}=-\frac{5\sqrt{3}}{3}$.

7.【解析】

(1) $(-3+2a)^2=(-3)^2+2\times(-3)\times(2a)+(2a)^2=9-12a+4a^2$.

(2) $(2a+b)(4a^2+b^2)(2a-b)=(2a+b)(2a-b)(4a^2+b^2)=(4a^2-b^2)(4a^2+b^2)=16a^4-b^4$.

(3) $(2x+3)^3=(2x)^3+3\times(2x)^2\times3+3\times2x\times3^2+3^3=8x^3+9\times4x^2+27\times2x+3^3=8x^3+36x^2+54x+27$.

8.【解析】

(1) $(4x^3y^4)^2\div(2x^2y^2)^2=16x^6y^8\div4x^4y^4=4x^2y^4$.

(2) 原式 $=[x^2-4y^2+4(x^2-2xy+y^2)]\div6x=(x^2-4y^2+4x^2-8xy+4y^2)\div6x=(5x^2-8xy)\div6x=\frac{5}{6}x-\frac{4}{3}y$.

9.【解析】

(1)

$$\begin{array}{r} 2 \\ x-1\overline{)\,2x-3} \\ 2x-2 \\ \hline -1 \end{array}$$

故 $2x-3=2(x-1)-1$.

(2)

$$\begin{array}{r} x+3 \\ x-1\overline{)\,x^2+2x+1} \\ x^2-x \\ \hline 3x+1 \\ 3x-3 \\ \hline 4 \end{array}$$

故 $x^2+2x+1=(x+3)(x-1)+4$.

(3)如果有缺项,那么等同于此项系数为零,做竖式除法的时候补上即可.

$$\begin{array}{r} 2x+4 \\ x^2+0x+1\overline{)\,2x^3+4x^2+0\cdot x-1} \\ 2x^3+0x^2+2x \\ \hline 4x^2-2x-1 \\ 4x^2+0x+4 \\ \hline -2x-5 \end{array}$$

故 $2x^3+4x^2-1=(2x+4)(x^2+1)-2x-5$.

10.【解析】(1)$5ax+5bx+3ay+3by=5x(a+b)+3y(a+b)=(a+b)(5x+3y)$.

(2)$x^3-x^2+x-1=x^2(x-1)+x-1=(x-1)(x^2+1)$.

(3)$(x-y)^2+y-x=(y-x)^2+y-x=(y-x)(y-x+1)$.

(4)$(x+y)^2-6(x+y)+9=(x+y)^2-2\times(x+y)\times3+3^2=(x+y-3)^2$.

(5)$3ax^2+6axy+3ay^2=3a(x^2+2xy+y^2)=3a(x+y)^2$.

(6)$-x^2-4y^2+4xy=-(x^2-4xy+4y^2)=-(x-2y)^2$.

11.【解析】

(1)$a_1a_2=1, a_1c_2+a_2c_1=-5, c_1c_2=6$,则有

$a_1a_2=1$ $c_1c_2=6$
$a_1=1$ $c_1=-2$
$a_1c_2+a_2c_1=-5$
$a_2=1$ $c_2=-3$

故$x^2-5x+6=(x-2)(x-3)$.

(2)$a_1a_2=3, a_1c_2+a_2c_1=-1, c_1c_2=-2$,则有

$a_1a_2=3$ $c_1c_2=-2$
$a_1=1$ $c_1=-1$
$a_1c_2+a_2c_1=-1$
$a_2=3$ $c_2=2$

故 $3x^2-x-2=(x-1)(3x+2)$.

(3)$a_1a_2=4, a_1c_2+a_2c_1=-4, c_1c_2=-3$,则有

$a_1a_2=4$ $c_1c_2=-3$
$a_1=2$ $c_1=1$
$a_1c_2+a_2c_1=-4$
$a_2=2$ $c_2=-3$

故 $4x^2-4x-3=(2x+1)(2x-3)$.

(4)$a_1a_2=2, a_1c_2+a_2c_1=-a, c_1c_2=-6a^2$,则有

$a_1a_2=2$ $c_1c_2=-6a^2$
$a_1=1$ $c_1=-2a$
$a_1c_2+a_2c_1=-a$
$a_2=2$ $c_2=3a$

故 $2x^2-ax-6a^2=(x-2a)(2x+3a)$.

(5)$a_1a_2=-3, a_1c_2+a_2c_1=-16, c_1c_2=12$,则有

$a_1a_2=-3$ $c_1c_2=12$
$a_1=1$ $c_1=6$
$a_1c_2+a_2c_1=-16$
$a_2=-3$ $c_2=2$

故 $-3x^2-16x+12=(x+6)(-3x+2)$.

12.【解析】(1)$\frac{1}{3a^2}+\frac{1}{2ab}=\frac{2b}{6a^2b}+\frac{3a}{6a^2b}=\frac{2b+3a}{6a^2b}$.

(2) $\frac{3}{x+2}+\frac{1}{2-x}-\frac{2x}{4-x^2}=\frac{3}{x+2}-\frac{1}{x-2}+\frac{2x}{(x+2)(x-2)}=\frac{3(x-2)-(x+2)+2x}{(x+2)(x-2)}=$ $\frac{4x-8}{(x+2)(x-2)}=\frac{4(x-2)}{(x+2)(x-2)}=\frac{4}{(x+2)}$.

(3) $\frac{a^2}{a-1}-a-1=\frac{a^2}{a-1}-\frac{a+1}{1}=\frac{a^2}{a-1}-\frac{a^2-1}{a-1}=\frac{a^2-a^2+1}{a-1}=\frac{1}{a-1}$.

13.【解析】

(1) $\frac{1}{(x+1)(x+3)}=\frac{1}{2}\frac{(x+3)-(x+1)}{(x+1)(x+3)}=\frac{1}{2}\times\left(\frac{1}{x+1}-\frac{1}{x+3}\right)$.

(2) 原式 $=1+\frac{1}{1\times2}+\frac{1}{2\times3}+\frac{1}{3\times4}+\frac{1}{4\times5}=1+1-\frac{1}{2}+\frac{1}{2}-\frac{1}{3}+\frac{1}{3}-\frac{1}{4}+\frac{1}{4}-\frac{1}{5}=2-$ $\frac{1}{5}=1\frac{4}{5}$.

(3) 原式 $=\frac{1}{(x+1)(x+2)}+\frac{1}{(x+2)(x+3)}+\frac{1}{(x+3)(x+4)}=\left(\frac{1}{x+1}-\frac{1}{x+2}\right)+$ $\left(\frac{1}{x+2}-\frac{1}{x+3}\right)+\left(\frac{1}{x+3}-\frac{1}{x+4}\right)=\frac{1}{x+1}-\frac{1}{x+4}$.

第3章 方程与不等式

3.1 方程与一元一次方程

3.1.1 方程

一、等式

1. 概念

(1)表示相等关系的式子叫等式. 形如 $a=b$,$1+(-5)=-4$,$3x-6=2x+5$ 等.

(2)判断一个式子是不是等式的方法:观察式子中是否含有"="号. 形如 $m-2$,$x\geqslant\frac{1}{3}$ 都不是等式.

2. 性质

(1)等式两边加(或减)同一个数(或式子)结果仍相等. 如果 $a=b$,那么 $a\pm c=b\pm c$(c 为一个数或一个式子).

(2)等式两边乘同一个数或除以同一个不为 0 的数,结果仍相等. 如果 $a=b$,那么 $ac=bc$;如果 $a=b$ $(c\neq0)$,那么$\frac{a}{c}=\frac{b}{c}$.

【例题 1】下列说法正确的是(　　).

A. 在等式 $ab=ac$ 两边都除以 a,可得 $b=c$

B. 在等式 $a=b$ 两边除以 c^2+1,可得$\frac{a}{c^2+1}=\frac{b}{c^2+1}$

C. 在等式$\frac{b}{a}=\frac{c}{a}$两边都除以 a,可得 $b=c$

D. 在等式 $2x=2a-b$ 两边都除以 2,可得 $x=a-b$

【答案】B

【解析】A 选项中,$a=0$ 时不成立;C 选项中,应该是都乘以 a,而不是除以;D 选项中,在等式 $2x=2a-b$ 两边都除以 2,得到 $x=a-\frac{b}{2}$.

二、方程

含有未知数的等式叫作方程，只需看两点：一是等式；二是含有未知数. 如 $3x-4=5$，$x^2-16=0$ 都是方程.

使方程左右两边的值相等的未知数（一般为 x 或 y）的值（或未知数的一组值）叫作方程的解.

【**例题2**】下列四个式子中，是方程的是（　　）.

A. $3+2=5$　　B. $x=1$　　C. $2x-3<0$　　D. $a^2+2ab+b^2$

【**答案**】B

【**解析**】含有未知数的等式叫作方程，只需看两点：一是等式；二是含有未知数. A 选项不含未知数；C 选项不是等式，是不等式；D 选项不是等式，是多项式.

【**例题3**】下列方程中，解是 $x=3$ 的是（　　）.

A. $x+1=4$　　B. $2x+1=3$　　C. $2x-1=2$　　D. $\frac{2}{3}x+1=7$

【**答案**】A

3.1.2　一元一次方程

一、概念

只含有一个未知数（元），并且未知数的次数都是1，这样的方程叫作一元一次方程.

"元"是指未知数，"次"是指未知数的次数. 一元一次方程满足条件：①首先是一个方程；②其次是必须只含有一个未知数；③未知数的指数是1；④分母中不含有未知数. 例如 $2x-1=4$ 是一元一次方程；$\frac{1}{x}-3x=9$ 由于分母中含有未知数，所以是分式方程，不是一元一次方程.

关于 x 的一元一次方程的标准形式为 $ax+b=0$（$a\neq0$，且 a，b 为常数）. 其中，只有一个未知项 ax，一个常数项 b，等号右边是0.

二、一元一次方程的解法

1. 一般解法步骤

解一元一次方程的一般步骤如表3.1所示.

表 3.1 解一元一次方程的一般步骤

变形名称	具体做法	注意事项
去分母	在方程两边都乘以各分母的最小公倍数	①不要漏乘不含分母的项 ②分子是一个整体的，去分母后应加上括号
去括号	先去小括号，再去中括号，最后去大括号	①不要漏乘括号里的项 ②不要弄错符号
移项	把含有未知数的项都移到方程的一边，其他项都移到方程的另一边	①移项要变号 ②不要丢项
合并同类项	把方程化成 $ax=b(a\neq0)$ 的形式	字母及其指数不变
系数化为1	在方程两边都除以未知数的系数 a，得到方程的解 $x=b/a$	不要把分子、分母写颠倒

注意：解方程时，表中有些变形步骤可能用不到，而且也不一定要按照自上而下的顺序，有些步骤可以合并简化.

【例题 4】解方程 $5x=3(x-4)$.

【解析】方程去括号得 $5x=3x-12$.

移项得 $5x-3x=-12$.

合并同类项得 $2x=-12$.

解得 $x=-6$.

【总结规律】解较简单的一元一次方程的一般步骤：

(1)移项：即通过移项把含有未知数的项放在等式的左边，把不含未知数的项(常数项)放在等式的右边.

(2)合并：即通过合并将方程化为 $ax=b(a\neq0)$ 的形式.

(3)系数化为1：即根据等式性质(2)给方程两边都除以未知数系数 a，即得方程的解 $x=\frac{b}{a}$.

【例题 5】解方程 $3-2(x+1)=2(x-3)$.

【解析】去括号得 $3-2x-2=2x-6$.

移项并合并同类项得 $-4x=-7$.

解得 $x=\frac{7}{4}$.

注意：去括号时，要注意括号前面的符号，括号前面是"+"，不变号；括号前面是"-"，各项均变号.

【例题 6】解方程 $\frac{2x-1}{3}-2=\frac{3x+2}{2}$.

【解析】去分母得 $2(2x-1)-12=3(3x+2)$.

去括号得 $4x-2-12=9x+6$.

移项并合并同类项得 $5x=-20$.

解得 $x=-4$.

注意:去分母时,方程两边同乘 3 和 2 的最小公倍数 6,每一项都要乘,常数项不要忘记.

【例题 7】解方程$\frac{x}{0.7}-\frac{0.17-0.2x}{0.03}=1$.

【解析】原方程可化为$\frac{10x}{7}-\frac{17-20x}{3}=1$.

去分母,得 $30x-7(17-20x)=21$.

去括号、移项、合并同类项,得 $170x=140$.

系数化成 1,得 $x=\frac{14}{17}$.

注意:解此题的第一步是利用分数基本性质把分母、分子同时扩大相同的倍数,以使分母化整,与去分母方程两边都乘以分母的最小公倍数要区分开.这样做可避免小数运算带来的失误.

2. 解含绝对值的一元一次方程

解此类方程关键要把绝对值去掉,使之成为一般的一元一次方程,去掉绝对值的依据是绝对值的意义.

此类问题一般先把方程化为$|ax+b|=c$的形式,再分类讨论.

①当 $c<0$ 时,无解;②当 $c=0$ 时,原方程化为 $ax+b=0$;③当 $c>0$ 时,原方程可化为 $ax+b=c$ 或 $ax+b=-c$.

【例题 8】方程$|x-|2x+1||=4$ 的根是(　　).

A. $x=-5$ 或 $x=1$　　B. $x=5$ 或 $x=-1$　　C. $x=3$ 或 $x=-\frac{5}{3}$

D. $x=-3$ 或 $x=\frac{5}{3}$　　E. 不存在

【答案】C

【解析】嵌套型绝对值一般解法为根据绝对值定义由最内层开始零点分段.

当 $x\geqslant-\frac{1}{2}$时,有$|x-|2x+1||=|x-(2x+1)|=|-x-1|=x+1=4$,解得 $x=3$.

当 $x<-\frac{1}{2}$时,有$|x-|2x+1||=|x+(2x+1)|=|3x+1|=-3x-1=4$,解得 $x=-\frac{5}{3}$.

3. 分式方程

分式方程可通过十字交叉相乘,转化为一元一次方程求解.

【例题 9】解方程$\frac{60\%x}{40\%x-100}=\frac{7}{3}$.

【解析】十字交叉相乘得 $7\times(40\%x-100)=3\times60\%x$.

去括号得 $2.8x-700=1.8x$.

移项合并得 $x=700$.

3.2 二元与三元一次方程组

3.2.1 二元一次方程(组)

一、二元一次方程

含有两个未知数,并且含有未知数的项的次数都是1,像这样的方程叫作二元一次方程.
二元一次方程满足的三个条件:

(1)在方程中“元”是指未知数,“二元”就是指方程中有且只有两个未知数.

(2)“未知数的次数为1”是指含有未知数的项(单项式)的次数是1.

(3)二元一次方程的左边和右边都必须是整式.

二元一次方程可以化为$ax+by+c=0(a,b\neq0)$的一般式与$ax+by=c(a,b\neq0)$的标准式. 如$2x+y=9$是二元一次方程.

二、二元一次方程的解

一般地,使二元一次方程两边的值相等的两个未知数的值,叫作二元一次方程的一组解.

二元一次方程的解都是一对数值,而不是一个数值,一般用大括号联立起来,如$\begin{cases}x=2\\y=5\end{cases}$是二元一次方程$2x+y=9$的一组解.

一般情况下,二元一次方程有无数个解,即有无数多对数适合这个二元一次方程.

三、二元一次方程组

把具有相同未知数的两个二元一次方程合在一起,就组成了一个二元一次方程组. 如$\begin{cases}2x+y=9\\x-2y=5\end{cases}$是一个二元一次方程组.

另外,组成方程组的两个方程不必同时含有两个未知数,例如$\begin{cases}3x+1=0\\x-2y=5\end{cases}$也是二元一次方程组.

四、二元一次方程组的解

一般地,二元一次方程组的两个方程的公共解,叫作二元一次方程组的解. 二元一次方程组的解是一组数,它必须同时满足方程组中的每一个方程,一般写成$\begin{cases}x=a\\y=b\end{cases}$的形式.

一般地,二元一次方程组的解只有一个,但也有特殊情况,如方程组$\begin{cases}2x+y=5\\2x+y=6\end{cases}$无解,而方程组$\begin{cases}x+y=1\\2x+2y=2\end{cases}$的解有无数个.

【举例】判断$\begin{cases}x=3\\y=-5\end{cases}$是否是二元一次方程组$\begin{cases}2x+y=1 & ①\\x+y=-1 & ②\end{cases}$的解.

【解析】把$\begin{cases}x=3\\y=-5\end{cases}$代入方程①中,左边$=1$,右边$=1$,所以是方程①的解.

把$\begin{cases}x=3\\y=-5\end{cases}$代入方程②中,左边$=3+(-5)=-2$,右边$=-1$,左边$\neq$右边,所以$\begin{cases}x=3\\y=-5\end{cases}$不是方程②的解.

所以$\begin{cases}x=3\\y=-5\end{cases}$不是方程组的解.

3.2.2　二元一次方程组的解法

一、消元思想

消元思想:二元一次方程组中有两个未知数,如果消去其中一个未知数,那么就把二元一次方程组转化为我们熟悉的一元一次方程,我们就可以先求出一个未知数,然后再求出另一个未知数.这种将未知数由多化少、逐一解决的思想,叫作消元思想.

消元的基本思路:未知数由多变少.

消元的基本方法:把二元一次方程组转化为一元一次方程.

二、代入消元法

代入消元法的关键是先把系数较简单的方程变形为:用含一个未知数的式子表示另一个未知数的形式,再代入另一个方程中达到消元的目的.

【例题1】解方程组$\begin{cases}x=3y & ①\\x+2y=\dfrac{100}{3} & ②\end{cases}$.

【解析】直接将式①代入式②,化简整理即可.

将①代入②得$3y+2y=\dfrac{100}{3}$.

合并同类项,得$5y=\dfrac{100}{3}$.

系数化为1,等号两边同时除以5得 $y=\frac{20}{3}$ ③.

把③代入①得 $x=3y=3\times\frac{20}{3}=20$.

解得 $\begin{cases}x=20\\ y=\frac{20}{3}\end{cases}$.

【例题2】解方程组 $\begin{cases}2x+3y=16 & ①\\ x+4y=13 & ②\end{cases}$.

【解析】观察两个方程的系数特点,可以发现方程②中 x 的系数为1,所以把方程②中的 x 用 y 来表示,再代入①中即可.

由②得 $x=13-4y$ ③.

将③代入①,得 $2(13-4y)+3y=16$,解得

$26-8y+3y=16$, $-5y=-10$, $y=2$.

将 $y=2$,代入③,得 $x=13-4\times2=5$.

解得 $\begin{cases}x=5\\ y=2\end{cases}$.

【例题3】解方程组 $\begin{cases}\frac{0.5s}{0.8v}=\frac{0.5s}{v}+\frac{3}{4} & ①\\ \frac{0.5s}{120}=\frac{0.5s}{v}-\frac{3}{4} & ②\end{cases}$.

【解析】式①中将 $\frac{s}{v}$ 看作一个整体,得 $\frac{s}{v}\left(\frac{0.5}{0.8}-\frac{0.5}{1}\right)=\frac{s}{v}\left(\frac{5}{8}-\frac{1}{2}\right)=\frac{1}{8}\cdot\frac{s}{v}=\frac{3}{4}$,则 $\frac{s}{v}=\frac{3}{4}\times8=6$.

代入②得 $\frac{0.5s}{120}=0.5\times6-\frac{3}{4}=\frac{9}{4}$, $s=540$.

将 $s=540$ 代入 $\frac{s}{v}=6$,得 $v=90$.

解得 $\begin{cases}s=540\\ v=90\end{cases}$.

【技巧】有时将关于两个未知数的表达式看作一个整体,可简化运算.

三、加减消元法

两个二元一次方程中同一未知数的系数相反或相等时,将两个方程的两边分别相加或相减,就能消去这个未知数,得到一个一元一次方程,这种方法叫作加减消元法,简称加减法. 如果同一个未知数的系数既不互为相反数,又不相等,那么就用适当的数乘方程的两边,使同一个未知数的系数互为相反数或相等.

【举例】解方程组$\begin{cases}x+y=7 & ①\\ x-y=5 & ②\end{cases}$.

【解析】直接加减.

①+②,得 $x+y+x-y=7+5$.

合并同类项,得 $2x=12$.

系数化为1,等号两边同时除以2得 $x=6$.

把 $x=6$ 代入①得 $6+y=7$, $y=1$.

解得$\begin{cases}x=6\\ y=1\end{cases}$.

【例题4】解方程组$\begin{cases}5x+3y=60 & ①\\ 5x+4y=75 & ②\end{cases}$.

【解析】直接加减.

②-①,得 $5x+4y-5x-3y=75-60$,解得 $y=15$.

将 $y=15$ 代入①得 $5x+45=60$,解得 $5x=60-45=15$, $x=3$.

所以原方程的解为$\begin{cases}x=3\\ y=15\end{cases}$.

【例题5】解方程组$\begin{cases}2x-5y=-21 & ①\\ 4x+3y=23 & ②\end{cases}$.

【解析】注意到方程组中 x 的系数成2倍关系,可将方程①的两边同乘2,使两个方程中 x 的系数相等,然后再相减消元. 即先变系数后加减.

①×2,得 $4x-10y=-42$　③.

②-③,得 $13y=65$,解得 $y=5$.

将 $y=5$ 代入①,得 $2x-5\times5=-21$,解得 $x=2$.

所以原方程组的解为$\begin{cases}x=2\\ y=5\end{cases}$.

3.2.3　三元一次方程组

一、三元一次方程

含有三个未知数,并且含有未知数的项的次数都是1的整式方程. 如 $x+y-z=1$, $2a-3b+4c=5$ 等都是三元一次方程.

二、三元一次方程组

定义:一般地,由几个一次方程组成,并且含有三个未知数的方程组,叫作三元一次方程组.

解法:通过"代入"或"加减"消元,把"三元"化为"二元". 使解三元一次方程组转化为

解二元一次方程组，进而转化为解一元一次方程. 其思想方法是

三元一次方程组 $\xrightarrow{\text{消元}}$ 二元一次方程组 $\xrightarrow{\text{消元}}$ 一元一次方程

【例题6】解方程组$\begin{cases} x+y+z=0 & ① \\ 4x+2y+z=1 & ② \\ 9x+3y+z=4 & ③ \end{cases}$.

【解析】②－①，得 $4x+2y+z-x-y-z=1-0$，$3x+y=1$.

③－①，得 $9x+3y+z-x-y-z=4-0$，$8x+2y=4$，$4x+y=2$.

$$\begin{cases} 3x+y=1 & ④ \\ 4x+y=2 & ⑤ \end{cases}$$

⑤－④，得 $x=1$.

把 $x=1$ 代入④得 $3+y=1$，$y=-2$.

将 $x=1$，$y=-2$ 代入①，得 $z=1$.

解得$\begin{cases} x=1 \\ y=-2 \\ z=1 \end{cases}$.

【例题7】解方程组$\begin{cases} x+y=\dfrac{1}{2} & ① \\ y+z=\dfrac{1}{4} & ② \\ 2x+2z=\dfrac{5}{6} & ③ \end{cases}$.

【解析】①－②，得 $x+y-y-z=\frac{1}{2}-\frac{1}{4}$.

合并同类项得 $x-z=\frac{1}{4}$ ④.

④×2，得 $2x-2z=\frac{1}{2}$ ⑤.

⑤＋③，得 $4x=\frac{1}{2}+\frac{5}{6}=\frac{8}{6}$，$x=\frac{1}{3}$.

把 $x=\frac{1}{3}$代入④得 $z=x-\frac{1}{4}=\frac{1}{3}-\frac{1}{4}=\frac{1}{12}$.

把 $z=\frac{1}{12}$代入②得 $y+\frac{1}{12}=\frac{1}{4}$，$y=\frac{1}{4}-\frac{1}{12}=\frac{1}{6}$.

解得$\begin{cases} x=\dfrac{1}{3} \\ y=\dfrac{1}{6} \\ z=\dfrac{1}{12} \end{cases}$.

如果给定两个三元一次方程,可求出几个未知量间的比例关系.

【例题8】已知$\begin{cases}\dfrac{0.8x-y}{y}=0.2\\ \dfrac{0.75x-z}{z}=0.25\end{cases}$,求$\dfrac{y}{z}$.

【解析】去分母,得$\begin{cases}0.8x-y=0.2y\\ 0.75x-z=0.25z\end{cases}$.

移项,得$\begin{cases}0.8x-y-0.2y=0\\ 0.75x-z-0.25z=0\end{cases}$.

合并同类项,得$\begin{cases}0.8x-1.2y=0\\ 0.75x-1.25z=0\end{cases}$.

将y和z分别用x表示,得$y=\dfrac{0.8x}{1.2}=\dfrac{8x}{12}=\dfrac{2}{3}x$,$z=\dfrac{0.75x}{1.25}=\dfrac{3}{5}x$.

所以$\dfrac{y}{z}=\dfrac{\frac{2}{3}x}{\frac{3}{5}x}=\dfrac{2}{3}\times\dfrac{5}{3}=\dfrac{10}{9}$.

【例题9】已知$\begin{cases}\dfrac{0.8x-y}{y}=0.2 & ①\\ \dfrac{0.75x-z}{z}=0.25 & ②\end{cases}$,求$x:y:z$.

【解析】把y,z分别用x来表示:

由①得$0.8x-y=0.2y$,$0.8x=1.2y$,$y=\dfrac{0.8}{1.2}x=\dfrac{2}{3}x$.

由②得$0.75x-z=0.25z$,$0.75x=1.25z$,$z=\dfrac{0.75}{1.25}x=\dfrac{3}{5}x$.

则$x:y:z=x:\dfrac{2}{3}x:\dfrac{3}{5}x=15x:10x:9x=15:10:9$.

三、方程的凑配

当方程组中方程的数量少于未知数的数量时,无法求出未知量的具体值,但可以求出关于几个未知量的表达式的值,此时需要对方程变形,凑配得到待求式.

【举例】已知$\begin{cases}2a+b=0 & ①\\ 9a+3b+c=0 & ②\end{cases}$,求$a-b+c=($　　$)$.

【解析】观察未知数a的系数,方程①a的系数为2,方程②a的系数为9,待求式a的系数为1,可用②-①×4,得$9a+3b+c-(2a+b)\times4=0$,即$a-b+c=0$.

3.3 一元二次方程

3.3.1 一元二次方程的有关概念

一、定义

一元二次方程是只含有一个未知数(一元),且未知数的最高次数是2(二次)的多项式方程.

一元二次方程经过整理都可化成一般形式 $ax^2+bx+c=0(a\neq 0)$,其中 ax^2 叫作二次项,a 是二次项系数;bx 叫作一次项,b 是一次项系数;c 叫作常数项.

例如 $3x^2+2x+1=0$,其中 $3x^2$ 叫作二次项,3 是二次项系数;$2x$ 叫作一次项,2 是一次项系数;1 叫作常数项.

二、成立条件

一元二次方程成立必须同时满足三个条件:

①是整式方程,即等号两边都是整式. 方程中如果有分母且未知数在分母上,那么这个方程就是分式方程,不是一元二次方程;方程中如果有根号且未知数在根号内,那么这个方程就是无理方程,也不是一元二次方程.

②只含有一个未知数.

③未知数项的最高次数是 2.

三、方程的解

1. 含义及特点

(1)一元二次方程的解(根)的意义:能使一元二次方程左右两边相等的未知数的值称为一元二次方程的解. 一般情况下,一元二次方程的解也称为一元二次方程的根.

(2)一元二次方程有且仅有两个根(两个相同的根与两个不同的根),根的情况由判别式($\Delta=b^2-4ac$)决定.

2. 判别式

利用一元二次方程根的判别式($\Delta=b^2-4ac$)可以判断方程的根的情况.

一元二次方程 $ax^2+bx+c=0(a\neq 0)$ 的根与根的判别式有如下关系:

①当 $\Delta>0$ 时,方程有两个不相等的实数根;

②当 $\Delta=0$ 时,方程有两个相等的实数根;

③当 $\Delta<0$ 时,方程无实数根.

上述结论反过来也成立.

【例题1】一元二次方程 $x^2+bx+1=0$ 有两个不同实根,则(　　).

A. $b<-2$　　B. $b>2$　　C. $b>2$ 或 $b<-2$　　D. $b=2$

【答案】C

【解析】方程有两个不同实根,意味着 $\Delta=b^2-4>0$,即 $b^2>4$,所以 $b>2$ 或 $b<-2$.

3.3.2　一元二次方程的解法

一、直接开平方法

能用直接开平方法解一元二次方程的类型有两类:

①形如关于 x 的一元二次方程 $x^2=a$,可直接开平方求解.

若 $a>0$,则 $x=\pm\sqrt{a}$;表示为 $x_1=\sqrt{a}$,$x_2=-\sqrt{a}$,有两个不等的实数根;

若 $a=0$,则 $x=0$;表示为 $x_1=x_2=0$,有两个相等的实数根;

若 $a<0$,则方程无实数根.

例如 $x^2-4=0$,$x=\pm2$.

②形如关于 x 的一元二次方程 $(ax+n)^2=m(a\neq0,m\geqslant0)$,可直接开平方求解,两根是 $x_1=\frac{-n+\sqrt{m}}{a}$,$x_2=\frac{-n-\sqrt{m}}{a}$.

例如 $(2x+3)^2=16$,$2x+3=\pm4$,$2x=1$ 或 $2x=-7$,则 $x_1=\frac{1}{2}$,$x_2=-\frac{7}{2}$.

特别地,如果方程可化为 $(x-n)^2=0$ 的形式,那么方程的两根为 $x_1=x_2=n$.

例如 $x^2-2x+1=0$,可化为 $(x-1)^2=0$,则方程的根为 $x_1=x_2=1$.

二、配方法

将一元二次方程配成 $(x+n)^2=p(p\geqslant0)$ 的形式,再利用直接开平方法求解,这种解一元二次方程的方法叫作配方法.

配方法解一元二次方程的理论依据是公式:$a^2\pm2ab+b^2=(a\pm b)^2$,步骤为:

①把原方程化为 $ax^2+bx+c=0(a\neq0)$ 的一般形式.

②方程两边同除以二次项系数,使二次项系数为1,并把常数项移到方程右边.

③方程两边同时加上一次项系数一半的平方.

④把左边配成一个完全平方式,右边化为一个常数,这样就化成了 $(x+m)^2=n(n>0)$ 的形式.

⑤得出方程的解 $x_1=\sqrt{n}-m$，$x_2=-\sqrt{n}-m$.

配方演示如下：

$$ax^2+bx+c=0(a\neq 0)$$

$$x^2+\frac{b}{a}x=-\frac{c}{a}$$

$$x^2+\frac{b}{a}x+\left(\frac{b}{2a}\right)^2=\left(\frac{b}{2a}\right)^2-\frac{c}{a}$$

$$\left(x+\frac{b}{2a}\right)^2=\frac{b^2-4ac}{4a^2}$$

例如 $x^2+2x-1=0\Rightarrow(x+1)^2=2\Rightarrow x_1=\sqrt{2}-1$，$x_2=-\sqrt{2}-1$.

【口诀】一除二移三配四开方.

三、公式法

(1)求根公式：一元二次方程 $ax^2+bx+c=0(a\neq 0)$，当 $\Delta=b^2-4ac\geqslant 0$ 时，方程的两根为

$$x=\frac{-b\pm\sqrt{b^2-4ac}}{2a}$$

(2)用公式法解关于 x 的一元二次方程 $ax^2+bx+c=0(a\neq 0)$ 的步骤：

①把一元二次方程化为一般形式；

②确定 a,b,c 的值(要注意符号)；

③求出 b^2-4ac 的值；

④若 $b^2-4ac\geqslant 0$，则利用公式 $x=\dfrac{-b\pm\sqrt{b^2-4ac}}{2a}$ 求出原方程的解；若 $b^2-4ac<0$，则原方程无实根.

注意：虽然所有的一元二次方程都可以用公式法来求解，但它往往并非最简单的，一定要注意方法的选择.

【例题 2】解一元二次方程 $x^2+2x-1=0$.

【解析】$a=1,b=2,c=-1$.

$b^2-4ac=2^2-4\times 1\times(-1)=8>0$.

所以 $x_1=\dfrac{-2+\sqrt{8}}{2\times 1}=\sqrt{2}-1$，$x_2=\dfrac{-2-\sqrt{8}}{2\times 1}=-\sqrt{2}-1$.

四、因式分解

用因式分解法解一元二次方程的步骤：

①将方程右边化为 0；

②将方程左边分解为两个一次式的积，即$(x+m)(x+n)=0$的形式；

③令这两个一次式分别为0，得到两个一元一次方程；

④解这两个一元一次方程，它们的解就是原方程的解，即$x_1=-m$，$x_2=-n$.

例如$x^2+3x+2=0\Rightarrow(x+1)(x+2)=0\Rightarrow x_1=-1,x_2=-2$.

常用的因式分解法有提取公因式法，公式法（平方差公式、完全平方公式），十字相乘法等（具体方法见2.2.5恒等变形）.

【例题3】解一元二次方程$x^2-4x=12$.

【解析】方程整理得$x^2-4x-12=0$.

因式分解得$(x+2)(x-6)=0$.

解得$x_1=-2,x_2=6$.

【例题4】解方程$\frac{V-10}{V}\times\frac{V-4}{V}=\frac{2}{5}$.

【解析】方程两边同乘$5V^2$，得$5(V-10)(V-4)=2V^2$.

去括号得$5V^2-70V+200=2V^2$.

移项并合并同类项得$3V^2-70V+200=0$.

十字相乘因式分解得$(3V-10)(V-20)=0$.

解得$V_1=\frac{10}{3},V_2=20$.

【总结】遇到分式方程时，先化为整式方程，再按照解整式方程的方法求解.

3.3.3 根与系数的关系

当$\Delta\geqslant0$时，一元二次方程$ax^2+bx+c=0(a\neq0)$有两个实根，根据求根公式可知它们分别为$x_1=\frac{-b+\sqrt{\Delta}}{2a}$与$x_2=\frac{-b-\sqrt{\Delta}}{2a}$.这两个实根相加或者相乘后都可以将根号消去（事实上，它们有理部分相等，根式部分互为相反数，称为共轭根式），即

$$x_1+x_2=\left(-\frac{b}{2a}+\frac{\sqrt{\Delta}}{2a}\right)+\left(-\frac{b}{2a}-\frac{\sqrt{\Delta}}{2a}\right)=-\frac{b}{a}$$

$$x_1x_2=\left(-\frac{b}{2a}+\frac{\sqrt{\Delta}}{2a}\right)\left(-\frac{b}{2a}-\frac{\sqrt{\Delta}}{2a}\right)=\frac{c}{a}$$

根与系数的这种关系，叫作韦达定理.

反过来，有韦达定理的逆定理，即如果x_1,x_2满足$x_1+x_2=-\frac{b}{a},x_1x_2=\frac{c}{a}$，那么$x_1,x_2$是一元二次方程$ax^2+bx+c=0(a\neq0)$的两个根.

【例题5】已知方程$5x^2+kx-6=0$的一个根是2，求另一个根及k的值.

【解析】设方程另外一个根为 x_1，则由一元二次方程根与系数的关系，得

$$x_1+2=-\frac{k}{5}, x_1\cdot 2=-\frac{6}{5}$$

从而解得 $x_1=-\frac{3}{5}, k=-7$.

【例题6】已知 x_1, x_2 是方程 $x^2-ax-1=0$ 的两个实根，则 $x_1^2+x_2^2=$（　　）.

A. a^2+2　　B. a^2+1　　C. a^2-1　　D. a^2-2　　E. $a+2$

【答案】A

【解析】由韦达定理可知 $x_1+x_2=a, x_1x_2=-1$，则 $x_1^2+x_2^2=(x_1+x_2)^2-2x_1x_2=a^2+2$.

3.4 不等式

3.4.1 不等式的基础知识

一、概念

（1）不等式：用不等号表示不等关系的式子，叫作不等式. 如 $x>2, y-6\leqslant 1$.

（2）不等式的解：使不等式成立的未知数的值叫作不等式的解.

（3）不等式的解集：对于一个含有未知数的不等式，它的所有解的集合叫作这个不等式的解的集合，简称这个不等式的解集.

（4）求不等式的解集的过程，叫作解不等式.

二、不等式的基本性质

（1）对称性：如果 $a>b$，那么 $b<a$；如果 $a<b$，那么 $b>a$，即 $a>b\Leftrightarrow b<a$.

（2）传递性：如果 $a>b$ 且 $b>c$，那么 $a>c$ 一定成立，即 $a>b, b>c\Rightarrow a>c$. 如 $x>y$ 且 $y>5$，那么 $x>5$.

（3）可加性：不等式的两边都加（或减）同一个实数，不等号的方向不变. 用字母表示为 $a>b\Leftrightarrow a+c>b+c$.

①同向可加性：两个同向不等式相加，所得不等式与原不等式同向. 即 $a>b, c>d\Leftrightarrow a+c>b+d$.

②异向可减性：两个不等式 $a>b, c<d$，给不等式 $c<d$ 两边同乘以 -1 变号得 $-c>-d$，则 $a>b$ 加 $-c>-d$ 得到 $a-c>b-d$. 即 $a>b, c<d\Rightarrow a-c>b-d$.

（4）可积性（可除性）：不等式两边同乘（或除以）同一个正数，不等号的方向不变；不等

式两边同乘(或除以)同一个负数,不等号的方向改变,即 $a>b,c>0\Rightarrow ac>bc\left(或\frac{a}{c}>\frac{b}{c}\right)$;

$a>b,c<0\Rightarrow ac<bc\left(或\frac{a}{c}<\frac{b}{c}\right)$.

(5)同向正数可乘性:两边都是正数的同向不等式相乘,所得的不等式和原不等式同向. $a>b>0,c>d>0\Rightarrow ac>bd$.

异向正数可除性:两个不等式 $a>b>0,0<c<d$,给 c、d 取倒数则有 $\frac{1}{c}>\frac{1}{d}>0$,则 $a>b>0$ 乘以 $\frac{1}{c}>\frac{1}{d}>0$ 得到 $\frac{a}{c}>\frac{b}{d}$. 即 $a>b>0,0<c<d\Rightarrow\frac{a}{c}>\frac{b}{d}$.

(6)平方法则:当不等式的两边都是正数时,不等式两边同时乘方所得的不等式和原不等式同向. $a>b>0\Rightarrow a^n>b^n$($n\in\mathbf{N}$,且 $n\geqslant2$).

(7)开方法则:当不等式的两边都是正数时,不等式两边同时开方所得的不等式和原不等式同向. $a>b>0\Rightarrow\sqrt[n]{a}>\sqrt[n]{b}$($n\in\mathbf{N}$,且 $n\geqslant2$).

【例题 1】 利用不等式的性质解下列不等式.

(1)$x-3\geqslant15$.　　(2)$3x<2x+4$.

(3)$\frac{2}{3}x>20$.　　(4)$-3x>2$.

【解析】 解不等式,就是要借助不等式的性质使不等式逐步化为 $x>a$ 或 $x<a$(a 为常数)的形式.

(1)根据不等式的性质3,不等式两边同加3,不等号方向不变,即

$$x-3+3\geqslant15+3$$

$$x\geqslant18$$

(2)根据不等式的性质3,不等式两边同减 $2x$,不等号方向不变,即

$$3x-2x<2x+4-2x$$

$$x<4$$

(3)根据不等式的性质4,不等式两边同乘以 $\frac{3}{2}$,不等号方向不变,即

$$\frac{3}{2}\times\frac{2}{3}x>20\times\frac{3}{2}$$

$$x>30$$

(4)根据不等式的性质4,不等式两边同除以 -3,不等号方向改变,即

$$\frac{-3}{-3}x<\frac{2}{-3}$$

$$x<-\frac{2}{3}$$

三、不等式的解集在数轴上的表示方法

1. 确定不等式解集的起点

在表示解集时，“$\geqslant$”和“$\leqslant$”要用实心圆点表示；“$<$”和“$>$”要用空心圆点表示.

2. 确定不等式解集的方向

若是“$>$”和“$\geqslant$”向右画，则“$<$”和“$\leqslant$”向左画.

注意：若是“$>$”和“$<$”两条线相向时应该连成闭合范围，否则是开放范围. 满足所有不等式的范围就是在数轴上表示的不等式解集.

例如不等式 $x-3\geqslant15$ 的解集 $x\geqslant18$ 在数轴上表示如图 3－1 所示.

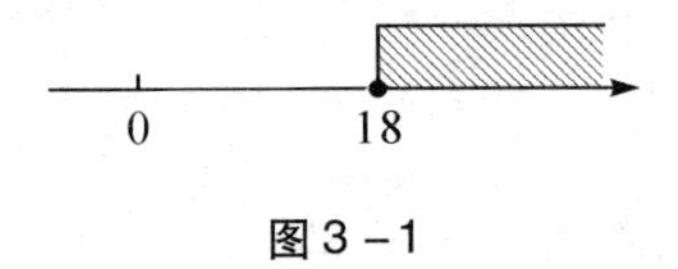

图 3－1

不等式 $3x<2x+4$ 的解集 $x<4$ 在数轴上表示如图 3－2 所示.

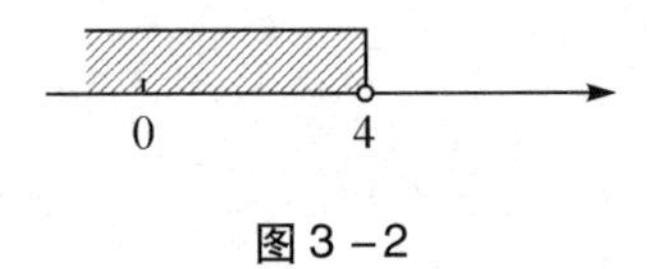

图 3－2

3.4.2 一元一次不等式(组)

类似于一元一次方程，含有一个未知数，未知数的次数是 1 的不等式，叫作一元一次不等式. 一般地，利用不等式的性质，采取与一元一次方程类似的步骤，就可求解一元一次不等式.

【例题 2】解不等式 $2(x-3)>9$，并在数轴上表示解集.

【解析】去括号得 $2x-6>9$.

移项得 $2x>9+6$.

合并同类项得 $2x>15$.

两边同除以 2 得 $x>\frac{15}{2}$.

这个不等式的解集在数轴上表示如图 3－3 所示.

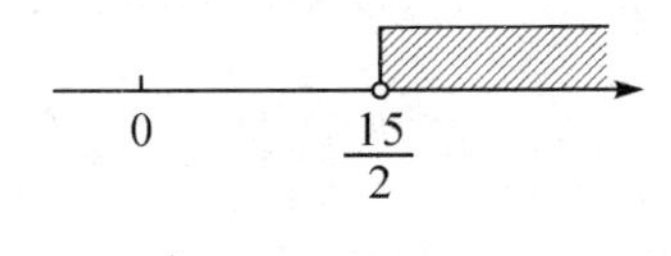

图 3－3

类似于方程组，把两个一元一次不等式合起来，就组成一个一元一次不等式组. 一般地，几个不等式的解集的公共部分，叫作由它们所组成的不等式组的解集. 解不等式组就是求它的解集.

【例题3】解下列不等式组.

(1) $\begin{cases}3x-2>2x+1\\x+3<3x-5\end{cases}$.

(2) $\begin{cases}2x+6\leqslant 3x+4\\4x-1<\dfrac{7x+3}{2}\end{cases}$.

【解析】(1) $3x-2>2x+1$，移项得 $x>3$.

$x+3<3x-5$，移项得 $2x>8$，两边同除以2解得 $x>4$.

两个不等式的解集在数轴上表示如图3-4所示.

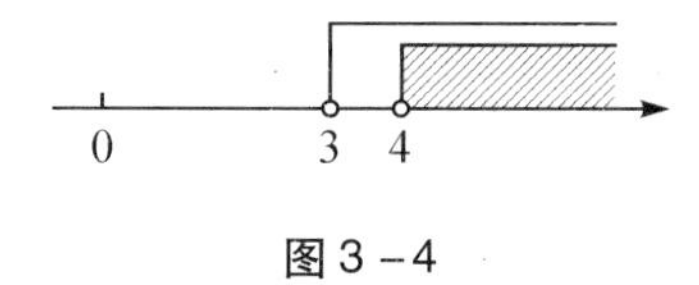

图3-4

从图中可以找出两个不等式解集的公共部分，得不等式组的解集为 $x>4$.

(2) $2x+6\leqslant 3x+4$，移项得 $x\geqslant 2$.

$4x-1<\dfrac{7x+3}{2}$，两边同乘以2得，$8x-2<7x+3$，移项解得 $x<5$.

两个不等式的解集在数轴上表示如图3-5所示.

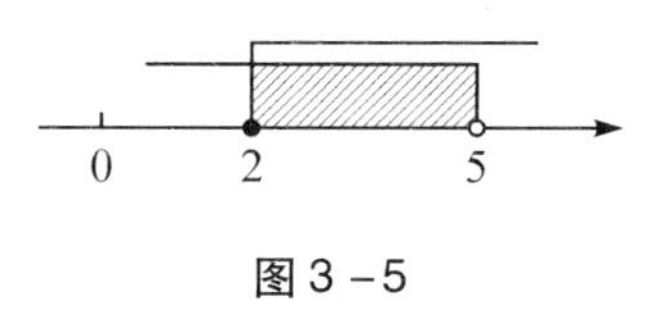

图3-5

从图中可以找出两个不等式解集的公共部分，得不等式组的解集为 $2\leqslant x<5$.

3.4.3　二元一次不等式(组)

含有两个未知数(即二元)，并且未知数的次数是1次(即一次)的不等式(组)叫作二元一次不等式(组). 二元一次不等式的一般形式为 $Ax+By+C>0$ 或 $Ax+By+C<0$.

(1) 代入法解二元一次不等式组.

①选取一个系数较简单的二元一次不等式组变形，用含有一个未知数的不等式表示另一个未知数；

②将变形后的不等式代入另一个不等式中，消去未知数，得到一个一元一次不等式(在

代入时注意只能代入另一个没有变形的不等式中,以达到消元的目的);

③解这个一元一次不等式,求未知数的解;

④将求得的未知数的解代入①中变形后的不等式中,求出另一个未知数的解,最后联立两个未知数的解,就是不等式组的解.

【例题4】解不等式组$\begin{cases} x+y\leqslant 3 & ① \\ 2x+y\geqslant 5 & ② \end{cases}$.

【解析】式①变形为$x\leqslant 3-y$,两边同乘2得$2x\leqslant 2(3-y)$,

两边同加y得$2x+y\leqslant 2(3-y)+y=6-y$.

结合②得$6-y\geqslant 5$,即$y\leqslant 1$.

两边同加$2x$得$2x+y\leqslant 1+2x$.

根据不等式的性质有$1+2x\geqslant 5$.

移项变形得$x\geqslant 2$.

所以该不等式组的解为$\begin{cases} x\geqslant 2 \\ y\leqslant 1 \end{cases}$.

(2)加减法解二元一次不等式组.

①利用不等式的性质,将原不等式组中某个未知数的系数化成相等或相反数的形式;

②再利用不等式的基本性质将变形后的两个不等式相加或相减,消去一个未知数,得到一个一元一次不等式(若未知数系数相等则用减法,若未知数系数互为相反数,则用加法);

③解这个一元一次不等式,求未知数的解;

④将求得的未知数的解代入原不等式组中的任何一个不等式中,求出另一个未知数的解,最后联立两个未知数的解,就是不等式组的解.

【例题5】解不等式组$\begin{cases} 2x+y\geqslant 10 & ① \\ x+y\leqslant 5 & ② \end{cases}$.

【解析】②×(-1),得$-x-y\geqslant -5$ ③.

①+③得$x\geqslant 5$.

则$x\geqslant 5$代入②得$y\leqslant 0$.

故原不等式组得解集为$\begin{cases} x\geqslant 5 \\ y\leqslant 0 \end{cases}$.

【例题6】解二元一次等式与不等式组$\begin{cases} x+y\leqslant 12 \\ \frac{1}{10}x+\frac{1}{15}y=1 \end{cases}$.

【解析】$\begin{cases} x+y\leqslant 12 & ① \\ \frac{1}{10}x+\frac{1}{15}y=1 & ② \end{cases}$.

化简②得$\frac{3}{2}x+y=15$③.

①-③得$-\frac{1}{2}x\leqslant -3$,$x\geqslant 6$.

$x\geqslant 6$两边同加y得$x+y\geqslant 6+y$.

根据不等式的性质有$6+y\leqslant 12$,即$y\leqslant 6$.

故原不等式组得解集为$\begin{cases}x\geqslant 6\\y\leqslant 6\end{cases}$.

【例题7】解二元一次不等式组$\begin{cases}x+y\leqslant 20\\3x+5y\geqslant 75\end{cases}$.

【解析】$\begin{cases}x+y\leqslant 20 & ①\\3x+5y\geqslant 75 & ②\end{cases}$.

①×(-3)得$-3x-3y\geqslant -60$　③.

根据不等式的性质将式②和式③相加,得$5y-3y\geqslant 75-60$.

化简得$2y\geqslant 15$,即$y\geqslant 7.5$.

将式①化简为$x\leqslant 20-y$.

$y\geqslant 7.5$两边同乘-1得$-y\leqslant -7.5$.

两边同加20得$20-y\leqslant 20-7.5$.

根据不等式的性质有$x\leqslant 12.5$.

故原不等式组得解集为$\begin{cases}x\leqslant 12.5\\y\geqslant 7.5\end{cases}$.

3.4.4　一元二次不等式

把只含有一个未知数,并且未知数的最高次数是2的不等式,称为一元二次不等式.

一元二次不等式$ax^2+bx+c>0$或$ax^2+bx+c<0(a\neq 0)$的解集:当x变化时,不等式的左边可以看作是x的函数,确定满足不等式的x,实际上就是确定x的范围,也就是确定函数$y=ax^2+bx+c$的图像在x轴上方或下方时,其x的取值范围.

在解一元二次不等式时,先将不等式化为一元二次方程,求得两根x_1,x_2且$x_1\leqslant x_2$,然后化二次项系数为正时,若求不等式大于零的解集,则有x小于小根,大于大根,即$\{x|x<x_1$或$x>x_2\}$;若有$a>0$求不等式小于0的解集,则符合不等式的解在两根之间$\{x|x_1<x<x_2\}$,所以我们可以总结为$a>0$时,大于取两边,小于取中间.

设相应的一元二次方程$ax^2+bx+c=0(a\neq 0)$的根为x_1,x_2且$x_1\leqslant x_2$,$\Delta=b^2-4ac$,则不等式的解的各种情况如表3.2所示.

表 3.2　二次函数与一元二次方程、一元二次不等式的关系

	$\Delta>0$	$\Delta=0$	$\Delta<0$
二次函数 $y=ax^2+bx+c$ $(a>0)$的图像	$y=ax^2+bx+c$	$y=ax^2+bx+c$	$y=ax^2+bx+c$
一元二次方程 $ax^2+bx+c=0$ $(a>0)$的根	有两相异实根 $x_1,x_2(x_1\neq x_2)$	有两相等实根 $x_1=x_2=-\dfrac{b}{2a}$	无实根
$ax^2+bx+c>0$ $(a>0)$的解集	$\{x\mid x<x_1$ 或 $x>x_2\}$	$\left\{x\mid x\neq-\dfrac{b}{2a}\right\}$	**R**
$ax^2+bx+c<0$ $(a>0)$的解集	$\{x\mid x_1<x<x_2\}$	$\varnothing$	$\varnothing$

【例题 8】求不等式 $x^2+3x+2<0$ 的解集.

【解析】方程 $x^2+3x+2=0$ 的解为 $x_1=-1,x_2=-2$.

函数 $y=x^2+3x+2$ 的图像开口向上,且与 x 轴有两个交点.

所以,不等式 $x^2+3x+2<0$ 的解集为 $\{x\mid -2<x<-1\}$.

【例题 9】$x^2+x-6>0$ 的解集是(　　).

A. $(-\infty,-3)$　　B. $(-3,2)$　　C. $(2,+\infty)$

D. $(-\infty,-3)\cup(2,+\infty)$　　E. 以上结论均不正确

【答案】D

【解析】将原不等式左边十字相乘因式分解得 $x^2+x-6=(x+3)(x-2)>0$,故解集为 $x>2$ 或 $x<-3$. 所以 D 正确.

【例题 10】求不等式 $4x^2-4x<3$ 的解集.

【解析】先将不等式 $4x^2-4x<3$ 化为标准形式得 $4x^2-4x-3<0$,再因式分解得 $(2x+1)(2x-3)<0$,故解集为 $-\dfrac{1}{2}<x<\dfrac{3}{2}$.

3.4.5　高次不等式及分式不等式

一、高次不等式

解高次不等式利用数轴穿根法，具体步骤如下：

(1)等价变形，将所有代数式置于不等号左侧进行因式分解(注意 x 前系数为正)，不等号右侧为0.

(2)将不等号写为等号，在数轴上标出化简后使等号成立各因式的根.

(3)自右向左，自上而下穿线，遇偶次根不穿透，遇奇次根要穿透(奇穿偶不穿).

(4)数轴上方曲线对应区域使“>”成立，下方曲线对应区域使“<”成立.

【例题11】解下列不等式.

(1)$(x^2-2x)(4-x)>0$.

(2)$x^2(3x^2-10x-8)\leqslant 0$.

【解析】(1)原不等式整理得$(x^2-2x)(x-4)<0$，因式分解得$x(x-2)(x-4)<0$，如图3-6所示，用数轴穿根法解得解集为$x<0$或$2<x<4$.

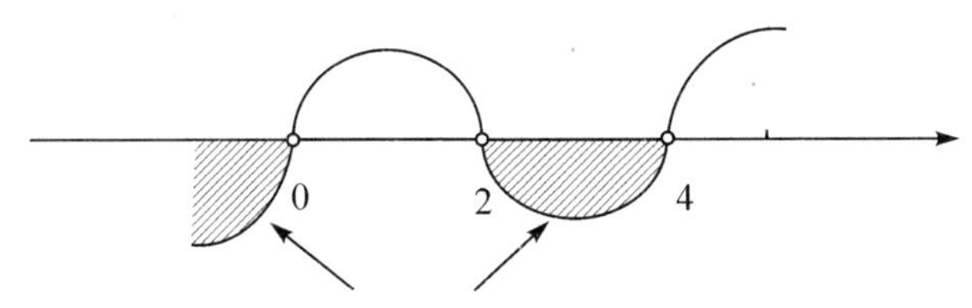

图3-6

(2)原不等式因式分解得$x^2(x-4)(3x+2)\leqslant 0$，如图3-7所示，用数轴穿根法解得解集为$-\dfrac{2}{3}\leqslant x\leqslant 4$(其中，$x=0$是偶次根，所以数轴不穿过).

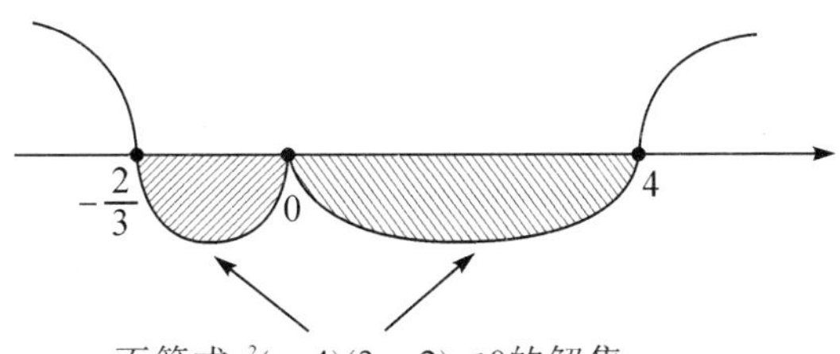

图3-7

【例题12】解不等式$(x-2)(x^2-2x-8)>0$.

【解析】将x^2-2x-8因式分解为$(x-4)(x+2)$，原不等式整理得$(x+2)(x-4)(x-2)>0$，用穿根法解得解集为$-2<x<2$或$x>4$.

【例题 13】解不等式 $-x^2+2x+3<0$.

【解析】不等式 $-x^2+2x+3<0$,将二次项系数化为正得 $x^2-2x-3>0$,即 $(x-3)(x+1)>0$,解得 $x>3$ 或 $x<-1$.

二、分式不等式

分式不等式的一般解题思路是先移项使右边为零,再通分等价变形为整式不等式,进而用解高次不等式的方法求解,注意限制分母不为零.

不等式两边同乘 $[g(x)]^2$ 可将分式不等式的等价变形如下:

$\frac{f(x)}{g(x)}\geqslant 0\Leftrightarrow\begin{cases}f(x)\cdot g(x)\geqslant 0\\ g(x)\neq 0\end{cases}$;　　$\frac{f(x)}{g(x)}\leqslant 0\Leftrightarrow\begin{cases}f(x)\cdot g(x)\leqslant 0\\ g(x)\neq 0\end{cases}$;

$\frac{f(x)}{g(x)}>0\Leftrightarrow f(x)\cdot g(x)>0$;　　$\frac{f(x)}{g(x)}<0\Leftrightarrow f(x)\cdot g(x)<0$.

分式不等式与等价变形后的不等式(组)同解.

【例题 14】解不等式 $\frac{3x^2-2}{x^2-1}>1$.

【解析】将原不等式移项通分得 $\frac{3x^2-2}{x^2-1}-1=\frac{3x^2-2-x^2+1}{x^2-1}=\frac{2x^2-1}{x^2-1}>0$,等价变形得 $(2x^2-1)(x^2-1)>0$,平方差公式展开得 $(\sqrt{2}x+1)(\sqrt{2}x-1)(x+1)(x-1)>0$. 如图 3-8 所示,由数轴穿根法解得此变形式的解集为 $(-\infty,-1)\cup\left(-\frac{1}{\sqrt{2}},\frac{1}{\sqrt{2}}\right)\cup(1,+\infty)$.

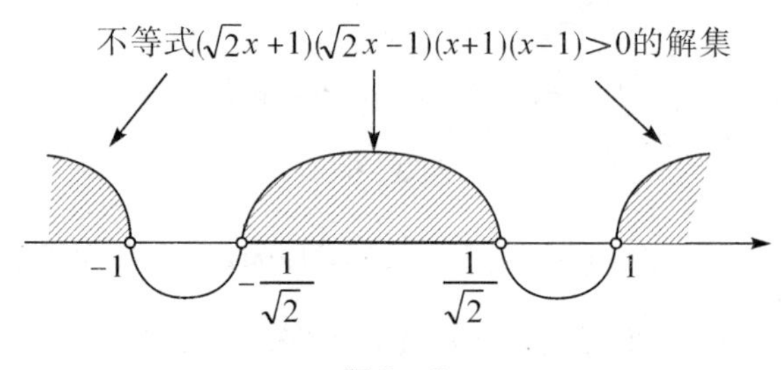

图 3-8

【例题 15】不等式 $\frac{x^2-2x+3}{x^2-5x+6}\geqslant 0$ 的解集是(　　).

A. $(2,3)$　　B. $(-\infty,2]$　　C. $[3,+\infty)$

D. $(-\infty,2]\cup[3,+\infty)$　　E. $(-\infty,2)\cup(3,+\infty)$

【答案】E

【解析】根据分式不等式等价变形可知 $\begin{cases}(x^2-2x+3)(x^2-5x+6)\geqslant 0\\ x^2-5x+6\neq 0\end{cases}$. 其中 x^2-2x+3 为恒大于零的式子($\Delta<0$),对不等式解集无影响,故本题转化为求解 $x^2-5x+6=(x-2)(x-3)>0$,解得 $x\in(-\infty,2)\cup(3,+\infty)$. 所以 E 正确.

习题演练

（题目前标有“★”为选做题目，其他为必做题目.）

1. 解下列方程.

(1) $150(x+5)=210(x-5)$.　　★(2) $\frac{x}{3}+\frac{x}{4}+\frac{x}{5}=94$.　　(3) $\frac{x}{40}+3=\frac{x-40}{24}$.

2. 已知 $|2x-1|=2$，则 x 的值为（　　）.

A. $x=-\frac{3}{2}$　　B. $x=-\frac{1}{2}$　　C. $x=\frac{1}{2}$

D. $x=\frac{3}{2}$　　E. $x=\frac{3}{2}$ 或 $x=-\frac{1}{2}$

3. 解下列方程.

★(1) $\frac{x\times 45\%}{x+160}=25\%$.　　(2) $\frac{4t-10}{3t}=\frac{7}{6}$.

4. 解下列方程组.

(1) $\begin{cases}5m+3n=60 & ①\\ 5m+4n=75 & ②\end{cases}$　　(2) $\begin{cases}9A+3B=189 & ①\\ 5A+6B=196 & ②\end{cases}$　　★(3) $\begin{cases}10(a+b)=1 & ①\\ 6a+18b=1 & ②\end{cases}$

5. 已知关于 x,y 的二元一次方程组 $\begin{cases}x+2y=3\\ 3x+5y=m+2\end{cases}$ 的解满足 $x+y=0$，求 m 的值.

6. 解下列方程组.

(1) $\begin{cases}x+y+z=270 & ①\\ \frac{3}{5}x=\frac{3}{4}y=\frac{2}{3}z & ②\end{cases}$　　(2) $\begin{cases}x+y=\frac{1}{6} & ①\\ y+z=\frac{1}{10} & ②\\ z+x=\frac{1}{7.5} & ③\end{cases}$　　★(3) $\begin{cases}6a+6b=8700 & ①\\ 10b+10c=9500 & ②\\ 7.5a+7.5c=8250 & ③\end{cases}$

7. 已知 $(x-6)^2=9$，解得 $x=$（　　）.

A. -3　　B. -3 或 9　　C. 9　　D. 3 或 9　　E. -9

8. 一元二次方程 $x^2-6x-5=0$ 配方可变形为（　　）.

A. $(x-3)^2=14$　　B. $(x-3)^2=4$　　C. $(x+3)^2=14$

D. $(x+3)^2=4$　　E. $(x-3)^2=12$

9. 方程 $x^2=4x$ 的解是（　　）.

A. $x=4$　　B. $x=2$　　C. $x=4$ 或 $x=0$

D. $x=0$　　E. $x=-2$

10. 如果 $x=4$ 是一元二次方程 $x^2-3x-a^2=0$ 的一个根，那么常数 a 的值为（　　）.

A. -2　　B. ± 2　　C. 4　　D. -4　　E. ± 4

★11. 已知 α,β 是方程 $x^2-2x-3=0$ 的两个实数根，那么 $\frac{\beta}{\alpha}+\frac{\alpha}{\beta}$ 的值为（　　）.

A. $\frac{2}{3}$　　B. $\frac{3}{2}$　　C. $\frac{10}{3}$　　D. $-\frac{10}{3}$　　E. $\pm\frac{10}{3}$

12. 如果关于 x 的一元二次方程 $mx^2-3x+3=0$ 有两个不相等的实数根，求 m 的取值范围.

13. 若方程 $x^2-(a^2-2)x-3=0$ 的两根是 1 和 -3，则实数 $a=$ ________.

14. 不等式组 $\begin{cases}x>3\\x>a\end{cases}$ 的解集是 $x>a$，则 a 的取值范围是（　　）.

A. $a\geqslant3$　　B. $a=3$　　C. $a\leqslant3$　　D. $a>3$　　E. $a<3$

15. 解下列一元一次不等式组.

(1) $\begin{cases}x>6\\2(x+8)<34\end{cases}$　　★(2) $\begin{cases}x-3(x-2)\geqslant4\\\frac{1+2x}{3}>x-1\end{cases}$　　★(3) $\begin{cases}3(x-5)\geqslant1\\9-4x>1\end{cases}$

(4) $\begin{cases}x-1<2x-3\\\frac{2}{3}x>\frac{x-1}{2}\end{cases}$　　(5) $1\leqslant|x-3|\leqslant5$

16. 解二元一次等式与不等式组 $\begin{cases}55x+45y=700\\550x+495y\leqslant7370\end{cases}$ 中 x,y 的最值.

17. 解下列一元二次不等式.

(1) $3x^2-4ax+a^2<0(a<0)$.　　★(2) $-5x^2+16x-12<0$.

★(3) $(x+4)(x+6)+3>0$.

18. 解下列高次不等式.

(1) $(2x^2+x+3)(-x^2+2x+3)<0$.　　★(2) $(2x^2-7x+6)(3-x)^3>0$.

★(3) $(x^4-4)-(x^2-2)\geqslant0$.

19. 不等式 $\frac{x^2-x-6}{x-1}>0$ 的解集为（　　）.

A. $\{x|x<-2$ 或 $x>3\}$　　B. $\{x|x<-2$ 或 $1<x<3\}$

C. $\{x|x<-2$ 或 $x>1\}$　　D. $\{x|-2<x<1$ 或 $x>3\}$

E. $\{x|-2<x<1$ 或 $1<x<3\}$

参考答案

1.【解析】

(1)$150(x+5)=210(x-5)$

去括号得 $150x+750=210x-1050$.

移项合并得 $-60x=-1800$.

解得 $x=30$.

(2)$\frac{x}{3}+\frac{x}{4}+\frac{x}{5}=94$

去分母得 $20x+15x+12x=5640$.

合并同类项得 $47x=5640$.

解得 $x=120$.

(3)$\frac{x}{40}+3=\frac{x-40}{24}$

去分母得 $3x+3\times120=5(x-40)$.

去括号得 $3x+360=5x-200$.

移项合并得 $-2x=-560$.

解得 $x=280$.

2.【答案】E

【解析】由绝对值的运算可知 $2x-1=2$ 或 -2,分别解这两个方程得 $x=\frac{3}{2}$ 或 $x=-\frac{1}{2}$.

3.【解析】

(1)$\frac{x\times45\%}{x+160}=25\%$

方程两边同时乘以 $x+160$,得 $x\times45\%=25\%\times(x+160)$.

去括号得 $0.45x=0.25x+40$.

移项合并得 $0.2x=40$.

解得 $x=200$.

(2)$\frac{4t-10}{3t}=\frac{7}{6}$

十字交叉相乘得 $6\times(4t-10)=7\times3t$.

去括号得 $24t-60=21t$.

移项合并得 $3t=60$.

解得 $t=20$.

4.【解析】

(1)②-①,得 $n=15$.

代入①得 $5m+3\times15=60$，即 $5m=15$，$m=3$.

故原方程组的解为 $\begin{cases}m=3\\n=15\end{cases}$.

(2)①×2，得 $18A+6B=378$.

①×2－②，得 $13A=182$，$A=14$.

代入①得 $9\times14+3B=189$，$3B=63$，$B=21$.

故原方程组的解为 $\begin{cases}A=14\\B=21\end{cases}$.

(3)①×3，②×5，得 $\begin{cases}30(a+b)=3 & ③\\30a+90b=5 & ④\end{cases}$.

④－③，得 $60b=2$，$b=\frac{1}{30}$.

代入④，得 $30a+90\times\frac{1}{30}=5$，$30a=2$，$a=\frac{1}{15}$.

故原方程组的解为 $\begin{cases}a=\frac{1}{15}\\b=\frac{1}{30}\end{cases}$.

5.【解析】

$$\begin{cases}x+2y=3 & ①\\3x+5y=m+2 & ②\\x+y=0 & ③\end{cases}$$

用①－③得 $y=3$，代入③式得 $x=-3$.

把 $x=-3$，$y=3$ 代入②式得 $3\times(-3)+5\times3=m+2$，解得 $m=4$.

6.【解析】

(1)把②化为 $\begin{cases}\frac{3}{5}x=\frac{3}{4}y & ③\\\frac{3}{5}x=\frac{2}{3}z & ④\end{cases}$.

方程③两边同时乘以 $\frac{4}{3}$，得 $y=\frac{4}{5}x$ ⑤.

方程④两边同时乘以 $\frac{3}{2}$，得 $z=\frac{9}{10}x$ ⑥.

把⑤⑥代入①得 $x+\frac{4}{5}x+\frac{9}{10}x=270$，即 $\frac{27}{10}x=270$，$x=100$.

代入⑤⑥得 $y=80$，$z=90$.

故原方程组的解为 $\begin{cases}x=100\\y=80\\z=90\end{cases}$.

(2)①－②，得 $x-z=\frac{1}{6}-\frac{1}{10}=\frac{1}{15}$　④.

③＋④，得 $2x=\frac{1}{5}, x=\frac{1}{10}$.

代入①得 $\frac{1}{10}+y=\frac{1}{6}, y=\frac{1}{15}$.

代入③得 $z+\frac{1}{10}=\frac{1}{7.5}, z=\frac{1}{30}$.

故原方程组的解为 $\begin{cases} x=\frac{1}{10} \\ y=\frac{1}{15} \\ z=\frac{1}{30} \end{cases}$.

(3) $\begin{cases} 6a+6b=8700 \\ 10b+10c=9500 \\ 7.5a+7.5c=8250 \end{cases}$

化简方程①得 $a+b=1450$　④.

化简方程②得 $b+c=950$　⑤.

化简方程③得 $a+c=1100$　⑥.

④－⑤，得 $a-c=500$　⑦.

⑥＋⑦，得 $2a=1600, a=800$.

代入④⑥得 $b=650, c=300$.

故原方程组的解为 $\begin{cases} a=800 \\ b=650 \\ c=300 \end{cases}$.

7.【答案】D

【解析】$(x-6)^2=9, x-6=\pm3$，则 $x_1=9, x_2=3$.

8.【答案】A

【解析】$x^2-6x-5=0$，移项得 $x^2-6x=5$，两边同加 $\left(\frac{6}{2}\right)^2$ 得 $x^2-6x+3^2=5+9$，由完全平方式可得，$(x-3)^2=14$.

9.【答案】C

【解析】移项得 $x^2-4x=0$，提公因式则有 $x(x-4)=0$，当 $x=4$ 或 $x=0$ 时等式成立.

10.【答案】B

【解析】$x=4$ 是方程的一个根，代入方程得 $4^2-12-a^2=0, a^2=4, a=\pm2$.

11.【答案】D

【解析】由韦达定理可得 $\alpha+\beta=-\frac{b}{a}=2, \alpha\beta=\frac{c}{a}=-3$.

变形得$\frac{\beta}{\alpha}+\frac{\alpha}{\beta}=\frac{\beta^2+\alpha^2}{\alpha\beta}=\frac{(\alpha+\beta)^2-2\alpha\beta}{\alpha\beta}=\frac{2^2-2\times(-3)}{-3}=-\frac{10}{3}$.

12.【解析】要使一元二次方程有两个不相等的实数根,则有

$$\Delta=b^2-4ac=(-3)^2-4\times m\times 3>0$$

即$9-12m>0$,解得$m<\frac{3}{4}$.

又因为关于x的方程是一元二次方程,所以$m\neq 0$.

即$m<\frac{3}{4}$且$m\neq 0$.

13.【解析】

将$x=1$代入方程得$1-(a^2-2)-3=0, a^2-2=-2, a=0$;将$x=-3$代入方程得$9-(a^2-2)\times(-3)-3=0, a^2-2=-2, a=0$,所以实数$a=0$.

14.【答案】A

【解析】不等式组的解集为两个不等式解的公共部分,则当$a\geqslant 3$时,不等式组的解为$x>a$.

15.【解析】

(1)$\begin{cases}x>6 & ①\\ 2(x+8)<34 & ②\end{cases}$

化简②得$x+8<17, x<9$.

故原不等式组的解集为$6<x<9$.

(2)$\begin{cases}x-3(x-2)\geqslant 4 & ①\\ \frac{1+2x}{3}>x-1 & ②\end{cases}$

化简①得$x-3x+6\geqslant 4$, $-2x\geqslant -2, x\leqslant 1$.

化简②得$1+2x>3x-3, x<4$.

故原不等式组的解集为$x\leqslant 1$.

(3)$\begin{cases}3(x-5)\geqslant 1 & ①\\ 9-4x>1 & ②\end{cases}$

化简①得$3x-15\geqslant 1, 3x\geqslant 16, x\geqslant\frac{16}{3}$.

化简②得$-4x>-8, x<2$.

故原不等式组无解.

(4)$\begin{cases}x-1<2x-3 & ①\\ \frac{2}{3}x>\frac{x-1}{2} & ②\end{cases}$

化简①得$x>2$.

化简②得$4x>3(x-1), 4x>3x-3, x>-3$.

故原不等式组的解集为$x>2$.

(5) $1 \leqslant |x-3| \leqslant 5$

原不等式等价为 $\begin{cases} |x-3| \geqslant 1 & ① \\ |x-3| \leqslant 5 & ② \end{cases}$

①去绝对值可得 $x-3 \geqslant 1$ 或 $x-3 \leqslant -1$.

解得 $x \geqslant 4$ 或 $x \leqslant 2$.

②去绝对值可得 $-5 \leqslant x-3 \leqslant 5$.

解得 $-2 \leqslant x \leqslant 8$.

如图 3－9 所示，原不等式的解集为 $4 \leqslant x \leqslant 8$ 或 $-2 \leqslant x \leqslant 2$.

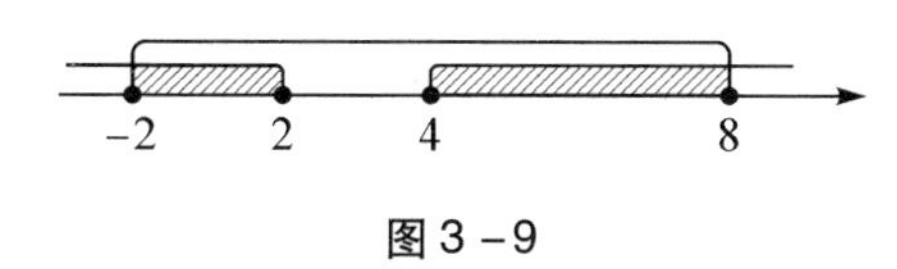

图 3－9

16.【解析】

$\begin{cases} 55x + 45y = 700 & ① \\ 550x + 495y \leqslant 7370 & ② \end{cases}$

化简①得 $y = \dfrac{140-11x}{9}$　③.

将③代入②得 $550x + 495 \times \dfrac{140-11x}{9} \leqslant 7370$.

解得 $x \geqslant 6$.

将 $x \geqslant 6$ 代入③，得 $y \leqslant \dfrac{74}{9}$.

可得 x 的最小值为 6，y 的最大值为 $\dfrac{74}{9}$.

17.【解析】

(1) 将原不等式十字相乘变形得 $(3x-a)(x-a) < 0$.

由于 $a < 0$，所以 $a < \dfrac{a}{3}$，故解集为 $a < x < \dfrac{a}{3}$.

(2) 将原不等式二次项系数化为正得 $5x^2 - 16x + 12 > 0$.

因式分解得 $(x-2)(5x-6) > 0$，故解集为 $x > 2$ 或 $x < \dfrac{6}{5}$.

(3) 将原不等式化为标准形式得 $x^2 + 10x + 27 > 0$.

根的判别式 $\Delta = 10^2 - 4 \times 1 \times 27 = 100 - 108 = -8 < 0$.

由 $a > 0, \Delta < 0$ 可知抛物线开口方向向上，与 x 轴无交点.

故不等式解集为全体实数.

18.【解析】

(1) 因为 $2x^2 + x + 3 = 2(x^2 + \dfrac{1}{2}x) + 3 = 2\left(x^2 + \dfrac{1}{2}x + \dfrac{1}{16} - \dfrac{1}{16}\right) + 3 = 2\left(x + \dfrac{1}{4}\right)^2 + \dfrac{23}{8} > 0$，所以原不等式解集等同于 $-x^2 + 2x + 3 < 0$ 的解集，二次项系数化为正得 $x^2 - 2x - 3 > 0$，因

式分解得$(x-3)(x+1)>0$,故解集为$x>3$或$x<-1$.

(2)原不等式因式分解得$(x-2)(2x-3)(x-3)^3<0$,如图3-10所示,用数轴穿根法解得解集为$x<\frac{3}{2}$或$2<x<3$.

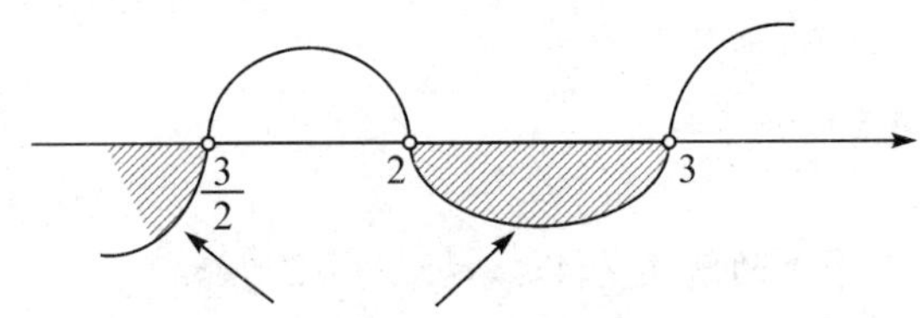

图3-10

(3)原不等式整理得$x^4-4-x^2+2\geqslant0$,因式分解得$(x^2-2)(x^2+1)\geqslant0$,由于x^2+1恒为正,因此原不等式解集等同于$x^2-2=(x+\sqrt{2})(x-\sqrt{2})\geqslant0$解集,解得$x\geqslant\sqrt{2}$或$x\leqslant-\sqrt{2}$.

19.【答案】D

【解析】对分式不等式等价变形可得$(x^2-x-6)(x-1)>0$,对x^2-x-6因式分解得$(x+2)(x-3)(x-1)>0$,用数轴穿根法解得解集为$-2<x<1$或$x>3$.

第4章 函 数

4.1 集 合

4.1.1 集合的概念

一、集合的概念

一般地,我们把研究对象称为元素,把一些元素组成的总体叫作集合. 给定的集合,它的元素必须是确定的. 例如,“1 到 10 之间的所有偶数”构成一个集合,可以表示为$\{2,4,6,8,10\}$. 一个给定集合中的元素是互不相同的. 也就是说,集合中的元素是不重复出现的.

我们通常用大写拉丁字母$A,B,C,\cdots$表示集合,用小写拉丁字母$a,b,c,\cdots$表示集合中的元素. 如果a是集合A的元素,就说a属于集合A,记作$a\in A$;如果a不是集合A中的元素,就说a不属于集合A,记作$a\notin A$. 例如,若用A表示“1 到 10 之间的所有偶数”构成的集合,则有$4\in A,3\notin A$.

二、常用的数集及其记法

全体非负整数组成的集合称为非负整数集(或自然数集),记作$\mathbf{N}$.

全体正整数组成的集合称为正整数集,记作$\mathbf{N}^{+}$或$\mathbf{N}^{*}$.

全体整数组成的集合称为整数集,记作$\mathbf{Z}$.

全体有理数组成的集合称为有理数集,记作$\mathbf{Q}$.

全体实数组成的集合称为实数集,记作$\mathbf{R}$.

三、集合中元素的特征

集合中的元素具有确定性、互异性和无序性.

确定性:给定的集合,它的元素必须是确定的. 也就是说,给定一个集合,那么一个元素在或不在这个集合中就确定了. 例如“1 ~ 10 之间的所有偶数”构成一个集合,2,4,6,8,10 是这个集合的元素,1,3,5,7,9 不是它的元素;“较小的数”不能构成集合,因为组成它的元素是不确定的.

互异性:一个给定集合中的元素是互不相同的. 也就是说,集合中的元素是不重复出现的.

无序性:集合的元素之间是没有顺序的.

四、集合的表示方法

(1)自然语言:例如"1 到 30 之间的所有质数".

(2)列举法:例如"方程 $x^2=x$ 的所有实数根组成的集合 B"可以写成 $B=\{0,1\}$,像这样把集合中的元素一一列举出来,并用花括号"{ }"括起来表示集合的方法叫作列举法.

(3)描述法:例如不等式 $x-7<3$ 的解是 $x<10$,因为满足 $x<10$ 的实数有无数个,所以 $x-7<3$ 的解集无法用列举法表示. 但是,可以利用解集中元素的共同特征,把解集表示为 $\{x\in\mathbf{R}\mid x<10\}$

一般地,设 A 为一个集合,我们把集合 A 中所有具有特征 $P(x)$ 的元素 x 所组成的集合表示为 $\{x\in A\mid P(x)\}$,这种表示集合的方法称为描述法.

4.1.2 集合的基本关系

一、概念

子集:一般地,对于两个集合 A、B,集合 A 的任何一个元素都是集合 B 的元素. 就称集合 A 为集合 B 的子集. 记作 $A\subseteq B$ 或 $B\supseteq A$,记作 A 包含于 B,或 B 包含 A. 在数学中,我们经常用平面上封闭曲线的内部代表集合,这种图称为维恩图. 这样,上述集合 A 与集合 B 的包含关系,可以用图 4-1 表示.

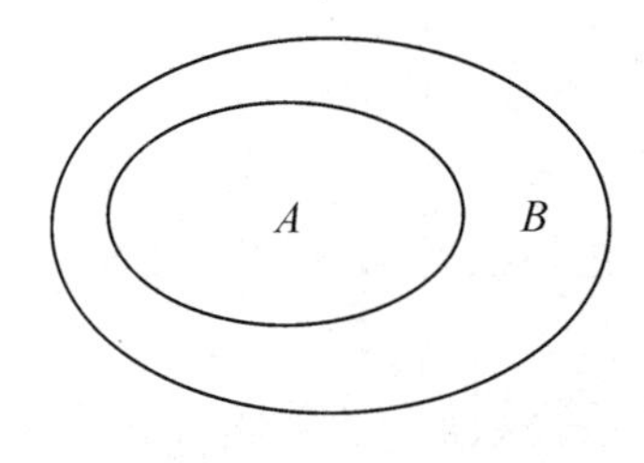

图 4-1

真子集:如果集合 $A\subseteq B$,但存在元素 $x\in B$,且 $x\notin A$,就称集合 A 是集合 B 的真子集,记作 $A\subset B$(或 $B\supset A$).

【注意】2019 最新国际标准注意事项中标明子集和真子集符号表示有两套标准.

第一套标准中,子集符号:$\subseteq$;真子集符号:$\subset$.

第二套标准中,子集符号:$\subset$;真子集符号:$\subsetneq$.

全集:一般地,如果一个集合含有所研究问题中涉及的所有元素,那么就称这个集合为全集,通常记作 U.

空集:一般地,我们把不含任何元素的集合叫做空集,记为$\varnothing$.

并规定:空集是任何集合的子集,是任何非空集合的真子集.

例如:方程 $x^2+1=0$ 没有实数根,所以方程 $x^2+1=0$ 的实数根组成的集合中没有元素,即为空集.

二、集合之间的基本关系

(1)任何一个集合都是它本身的子集.

(2)传递性:对于集合 A,B,C,如果 $A\subseteq B$ 且 $B\subseteq C$,那么 $A\subseteq C$.

对于集合 A,B,C,如果 $A\subset B$ 且 $B\subset C$,那么 $A\subset C$.

三、有限集合的子集、真子集的个数

(1)含有 n 个元素的集合有 2^n 个子集.

(2)含有 n 个元素的集合有(2^n-1)个真子集.

(3)含有 n 个元素的集合有(2^n-1)个非空子集.

(4)含有 n 个元素的集合有(2^n-2)个非空真子集.

4.1.3 集合的基本运算

(1)$A=B$,只要构成两个集合的元素是一样的,我们就称这两个集合是相等的.

(2)$A\cup B$,由所有属于集合 A 或属于集合 B 的元素组成的集合,称为集合 A 和集合 B 的并集,如图 4-2 所示.

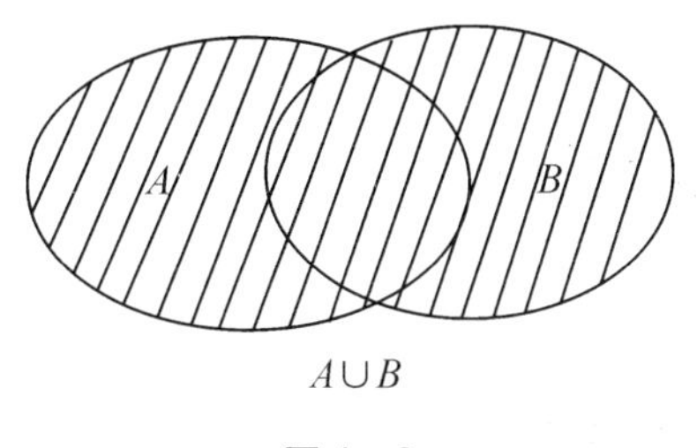

图4-2

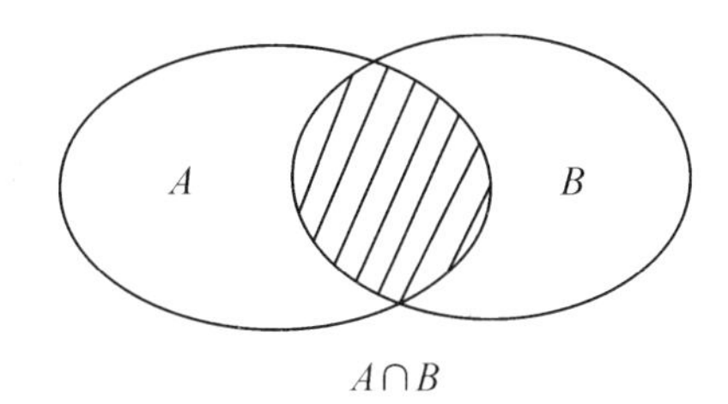

图4-3

(3)$A\cap B$,由所有属于集合 A 且属于集合 B 的元素组成的集合,称为集合 A 和集合 B 的交集如图 4-3 所示.

【例题 1】$A=\{4,5,6,8\}$,$B=\{3,5,7,8\}$,求 $A\cup B$ 和 $A\cap B$.

【解析】$A\cup B=\{3,4,5,6,7,8\}$,$A\cap B=\{5,8\}$.

(4)$\overline{A}$,即属于全集 Ω,但不属于集合 A 的元素组成的集合称为集合 A 的补集,也可记作 $\complement_U A$,如图 4-4 所示.

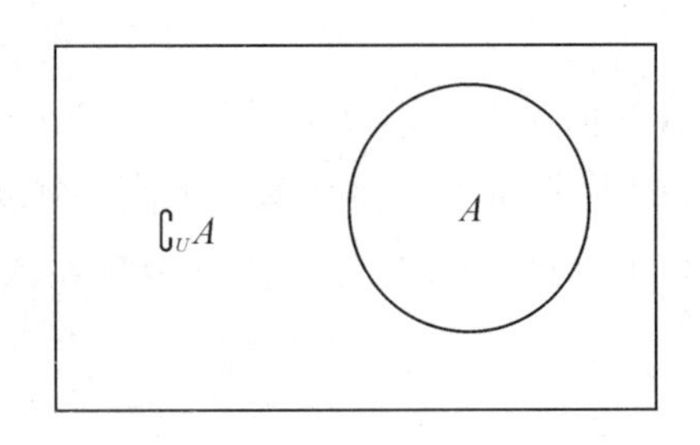

图 4-4

【例题 2】$\Omega=\{1,2,3,4,5,6\}$，$A=\{1,4,5\}$，求$\overline{A}$.

【解析】$\overline{A}=\{2,3,6\}$.

(5)交换律：$A\cup B=B\cup A$；$A\cap B=B\cap A$.

结合律：$A\cup(B\cup C)=(A\cup B)\cup C$；$A\cap(B\cap C)=(A\cap B)\cap C$

分配律：$A\cap(B\cup C)=(A\cap B)\cup(A\cap C)$；$A\cup(B\cap C)=(A\cup B)\cap(A\cup C)$

【例题 3】设$A=\{x\,|\,|x-a|<1,x\in\mathbf{R}\}$，$B=\{x\,|\,|x|<2,x\in\mathbf{R}\}$，则$A\subset B$的充分必要条件是(　　).

A. $|a|\leqslant1$　　B. $|a|\geqslant1$　　C. $|a|<1$　　D. $|a|>1$　　E. $|a|=1$

【答案】A

【解析】根据绝对值的几何意义可知，$A=\{x\,|\,|x-a|<1,x\in\mathbf{R}\}$表示数轴上与点$a$距离小于1的所有点的集合，$B=\{x\,|\,|x|<2,x\in\mathbf{R}\}$表示数轴上与原点距离小于2的点的集合.依据题意作图4-5.

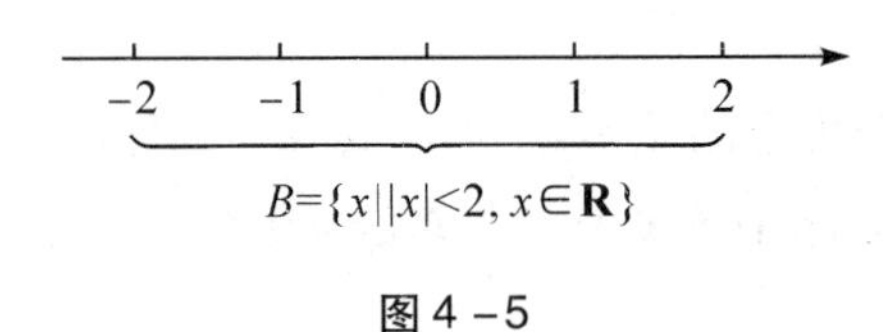

图 4-5

点a在数轴上移动，当且仅当点a在$[-1,1]$的范围内时，$A\subset B$成立，故$|a|\leqslant1$.

4.2 平面直角坐标系与函数

4.2.1 平面直角坐标系中点的坐标及其特征

一、平面直角坐标系

在平面内两条有公共点并且相互垂直的数轴构成平面直角坐标系，通常把其中水平的数轴叫作横轴，取向右的方向为正方向；竖直的数轴叫作纵轴，取向上的方向为正方向；两数轴的交点叫作坐标原点.

建立了直角坐标系的平面叫作坐标平面. x轴和y轴把坐标平面分成的四个部分称为四

个象限，按逆时针顺序，依次叫作第一象限、第二象限、第三象限和第四象限，如图4-6所示.

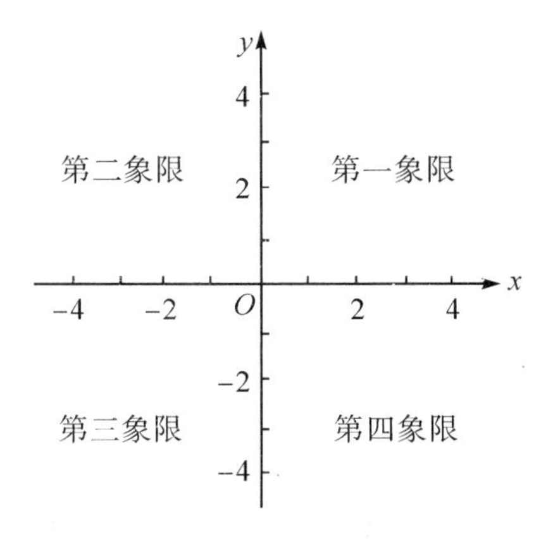

图4-6 平面直角坐标系

注意：两条坐标轴不属于任何一个象限，坐标轴上点的坐标也不属于任何一个象限.

二、点的坐标

对于平面直角坐标系内的任意一点，过点 P 分别向 x 轴和 y 轴作垂线，垂足在 x 轴，y 轴对应的数 a，b 分别叫作点 P 的横坐标、纵坐标，有序数对 (a,b) 叫作点 P 的坐标，如图4-7所示.

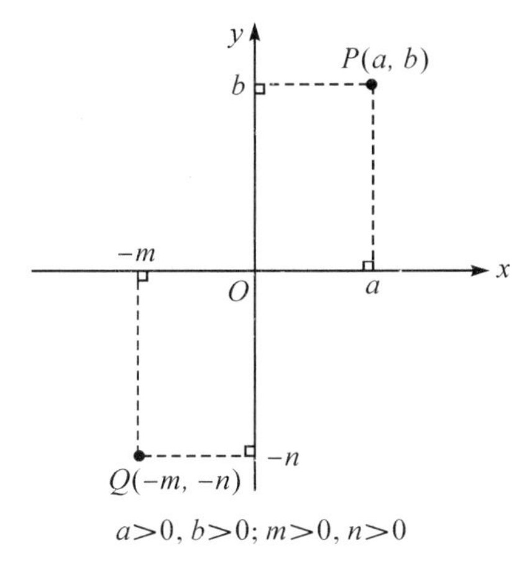

图4-7

点与有序实数对的关系：坐标平面内的点可以用有序实数对来表示，反之每一个有序实数对对应着坐标平面内的一个点，即坐标平面内的点与有序实数对是一一对应关系.

各象限内点的特征，如图4-8所示.

点 $P(x,y)$ 在第一象限 $x>0,y>0$；点 $P(x,y)$ 在第二象限 $x<0,y>0$；点 $P(x,y)$ 在第三象限 $x<0,y<0$；点 $P(x,y)$ 在第四象限 $x>0,y<0$.

坐标轴上点的特征，如图4-8所示.

x 轴正方向 $x>0,y=0$；x 轴负方向 $x<0,y=0$；y 轴正方向 $x=0,y>0$；y 轴负方向 $x=0$，$y<0$；x 轴上点的纵坐标为0；y 轴上点的横坐标为0；原点的坐标为(0,0).

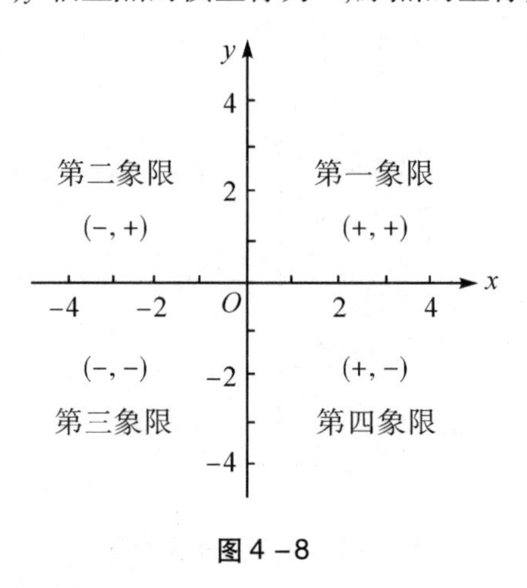

图4-8

4.2.2 函数及其相关概念

一、变量与函数

在某一变化过程中，可以取不同数值的量叫作变量，数值保持不变的量叫作常量. 一般地，在某一变化过程中有两个变量 x 与 y，如果对于 x 的每一个值，y 都有唯一确定的值与其对应，那么称 y 是关于 x 的函数，其中 x 是自变量，y 是因变量.

二、函数的定义域

自变量 x 的取值范围叫作函数的定义域，它是构成函数的重要组成部分. 一般地，如果没有特殊标明定义域，则认为是使函数解析式有意义的自变量的取值范围. 在实际问题中，函数的定义域还要受到实际意义的限制.

求函数的定义域时的解题方向：

(1)分母不为零；

(2)偶次根式的被开方数非负；

(3)对数中的真数部分大于零；

(4)指数、对数的底数大于零，且不等于1；

(5)x^0 中 $x\neq0$.

【例题1】求函数 $f(x)=\dfrac{\sqrt{x^2-3x-4}}{|x+1|-2}$ 的定义域.

【解析】要使函数有意义，必须同时满足：

$$\begin{cases}x^2-3x-4\geqslant0\cdots\cdots\cdots(\text{偶次根式的被开方数非负})\\|x+1|-2\neq0\cdots\cdots\cdots(\text{分母不为零})\end{cases}$$

解得$\begin{cases}x\geqslant 4\text{ 或 }x\leqslant -1\\ x\neq -3\text{ 且 }x\neq 1\end{cases}$.

整理得$x<-3$或$-3<x\leqslant -1$或$x\geqslant 4$.

函数的定义域为$\{x|x<-3$ 或 $-3<x\leqslant -1$ 或 $x\geqslant 4\}$.

三、函数值

与x的值相对应的y值叫作函数值.例如把$x=a$代入函数解析式$f(x)$,得到$f(a)=b$(a,b为常数),b叫作自变量为a时的函数值.

【举例】$f(x)=x^3+4x^2-5$.当$x=1$时,$f(1)=1+4-5=0$,所以0叫作$x=1$时的函数值.

四、函数的单调性

1. 增函数

给定区间上的函数$y=f(x)$,对于属于这个区间的自变量的任意两个值x_1,x_2,只要有$x_1<x_2$,都有$f(x_1)<f(x_2)$,那么称$y=f(x)$在这个区间上是增函数,y随x的增大而增大,此区间就叫作函数$f(x)$的单调递增区间.

【巧记】增函数自变量大的值也大.

2. 减函数

给定区间上的函数$y=f(x)$,对于属于这个区间的自变量的任意两个值x_1,x_2,只要有$x_1<x_2$,都有$f(x_1)>f(x_2)$,那么称$y=f(x)$在这个区间上是减函数,y随x的增大而减小,此区间就叫作函数$f(x)$的单调递减区间.

【巧记】减函数自变量大的值反而小.

五、函数图像

如果把一个函数的自变量x与对应的函数值y分别作为点的横、纵坐标,在直角坐标系内描出它对应的点,所有这些点组成的图形叫作该函数的图像.

由函数解析式画其图像的一般步骤:

(1)列表:给出自变量与函数的一些对应值;

(2)描点:以图中每对对应值为坐标,在平面直角坐标系中描出相应的点;

(3)连线:按照自变量由小到大的顺序,把所描的各点用平滑的曲线连接起来.

4.2.3　一次函数

一、正比例函数

1. 定义

一般地，形如 $y=kx$（k 为常数，$k\neq0$）的函数，叫作正比例函数. 其中 k 叫作比例系数.

2. 等价形式

(1) y 是 x 的正比例函数；

(2) $y=kx$（k 为常数，$k\neq0$）；

(3) y 与 x 成正比例；

(4) $\frac{y}{x}=k$（k 为常数，$k\neq0$）.

3. 图像与性质

正比例函数 $y=kx$（k 为常数，$k\neq0$）的图像是一条经过原点的直线，我们称它为直线 $y=kx$.

当 $k>0$ 时，函数 $y=kx$（k 为常数，$k\neq0$）是增函数，函数图像经过第一、三象限，y 随 x 的增大而增大.

当 $k<0$ 时，函数 $y=kx$（k 为常数，$k\neq0$）是减函数，函数图像经过第二、四象限，y 随 x 的增大而减小.

画函数图像通常使用描点法，具体步骤为：列表、描点、连线（直线或平滑曲线）.

【例题 2】画出函数 $y=3x$ 的图像.

【解析】第一步：列表，如表 4.1 所示. 正比例函数必过点 $(0,0)$，所以只需再找另外一点，两点就能确定直线图像.

表 4.1　函数所过部分点列表

x	0	1
y	0	3

第二步：建立直角坐标系、描点，如图 4－9 所示.

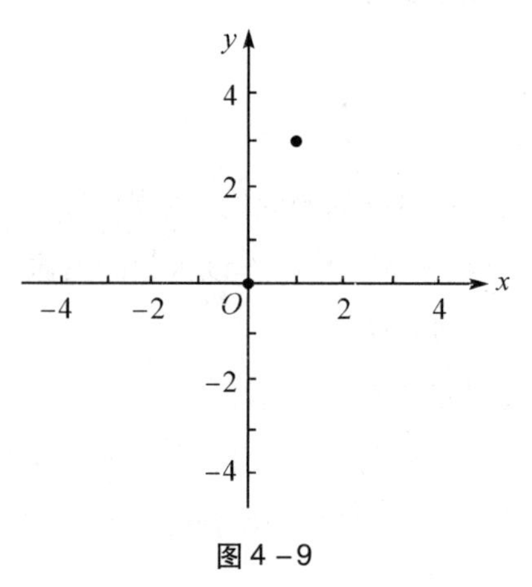

图 4－9

第三步：连线，如图 4－10 所示.

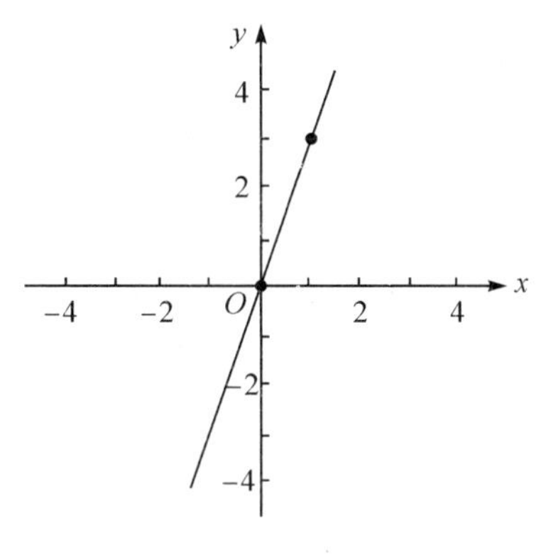

图 4 −10

【例题 3】画出函数 $y = -2x$ 的图像.

【解析】第一步:列表,如表 4.2 所示.

表 4.2 函数所过部分点列表

x	0	1
y	0	−2

第二步:建立直角坐标系、描点,如图 4 −11 所示.

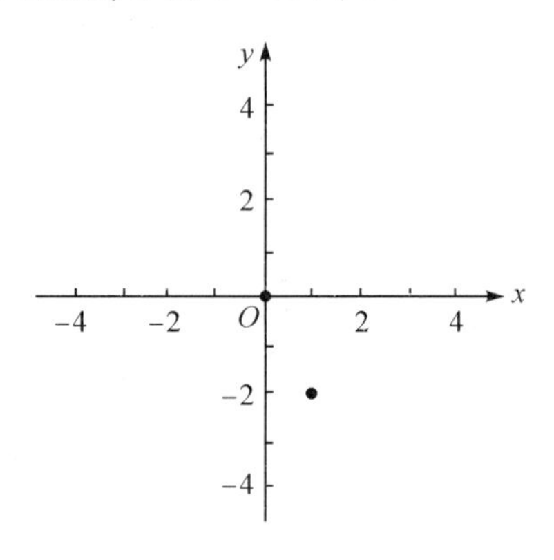

图 4 −11

第三步:连线,如图 4 −12 所示.

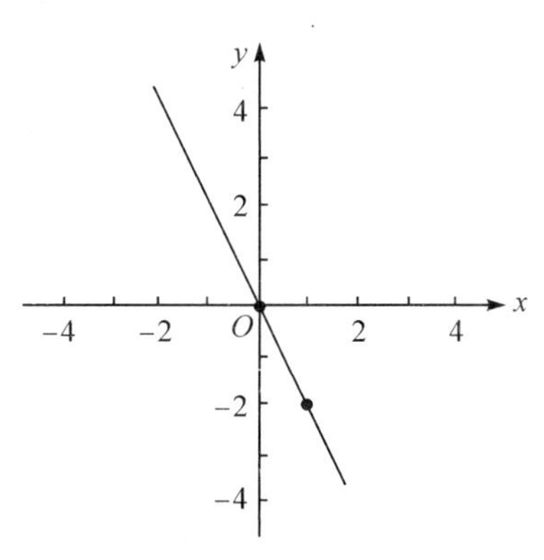

图 4 −12

二、一次函数

1. 定义

若两个变量 x,y 间的对应关系可以表示成 $y=kx+b$（k,b 为常数，$k\neq0$）的形式，则称 y 是 x 的一次函数. 特别地，当 $b=0$ 时，称 y 是 x 的正比例函数.

2. 图像与坐标轴的交点

在一次函数 $y=kx+b$ 中，令 $x=0$，得 $y=b$；令 $y=0$，得 $x=-\frac{b}{k}$，所以函数图像与 y 轴、x 轴的交点坐标分别为 $(0,b)$ 和 $\left(-\frac{b}{k},0\right)$.

3. 图像

当 $k>0,b>0$ 时，函数图像经过第一、二、三象限；

当 $k>0,b<0$ 时，函数图像经过第一、三、四象限；

当 $k<0,b>0$ 时，函数图像经过第一、二、四象限；

当 $k<0,b<0$ 时，函数图像经过第二、三、四象限.

4. 性质

当 $k>0$ 时，函数 $y=kx+b$（k,b 为常数，$k\neq0$）是增函数，y 随 x 的增大而增大；

当 $k<0$ 时，函数 $y=kx+b$（k,b 为常数，$k\neq0$）是减函数，y 随 x 的增大而减小.

一次函数图像总结如图 4－13 和图 4－14 所示.

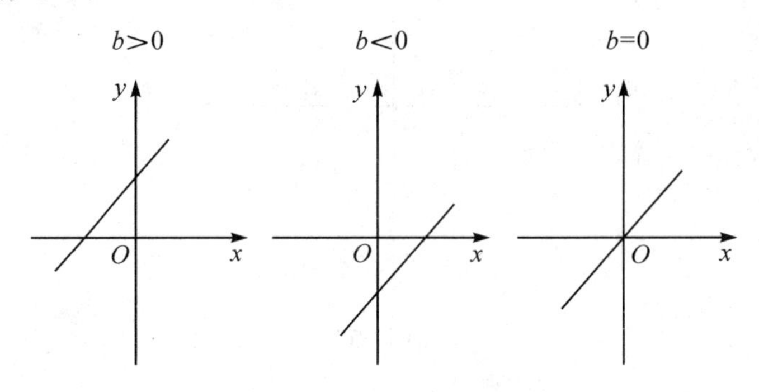

图 4－13　$k>0$ 时的图像

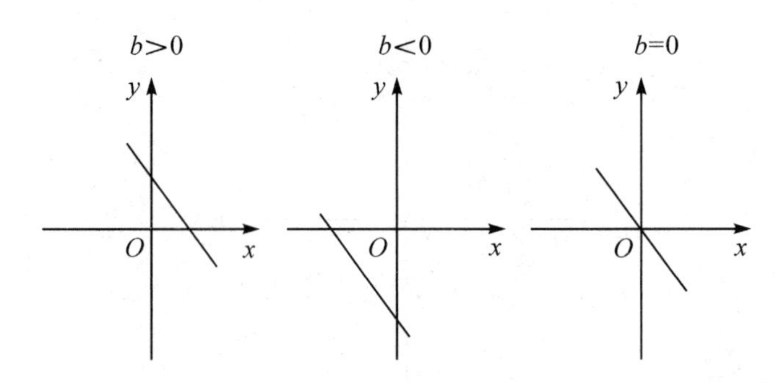

图 4－14　$k<0$ 时的图像

【**例题4**】画出函数 $y=-2x+1$ 的图像.

【**解析**】第一步：列表，如表4.3所示. 找到与 x 轴和 y 轴的交点，两点确定一条直线. 即 $y=kx+b$，令 $x=0$，则 $y=b$；令 $y=0$，则 $x=-\frac{b}{k}$，所以函数必过点 $(0,b)$ 和 $\left(-\frac{b}{k},0\right)$.

表4.3

x	0	$\frac{1}{2}$
y	1	0

第二步：建立直角坐标系、描点，如图4－15所示.

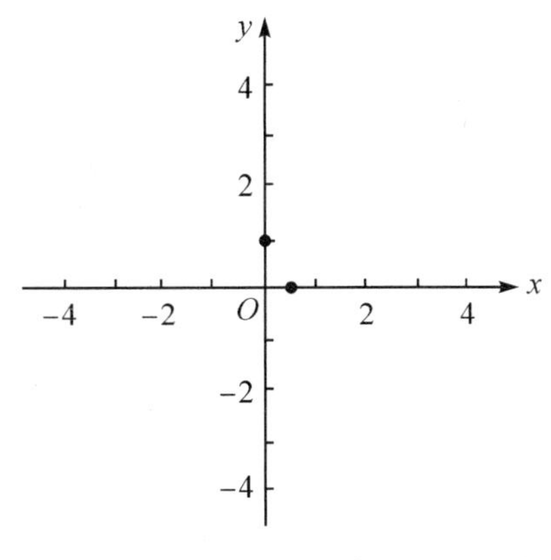

图4－15

第三步：连线，如图4－16所示.

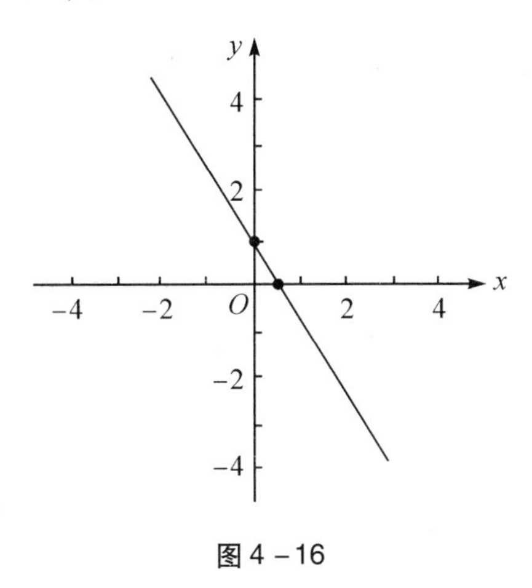

图4－16

4.2.4　二次函数

1. 概念

一般地，形如 $y=ax^2+bx+c$（a,b,c 是常数，$a\neq0$）的函数叫作 x 的二次函数. 其中，a 是

二次项系数，b 是一次项系数，c 是常数项，a 不能为零，但 b、c 可分别为零，也可以同时都为零.

二次函数的基本表示形式为：

一般式：$y=ax^2+bx+c(a\neq 0)$.

顶点式：$y=a\left(x+\frac{b}{2a}\right)^2+\frac{4ac-b^2}{4a}(a\neq 0)$.

两根式：$y=a(x-x_1)(x-x_2)(a\neq 0)$. 其中，$x_1$，$x_2$ 为二次函数与 x 轴两交点的横坐标.

2. 图像和性质

一元二次函数 $y=ax^2+bx+c(a\neq 0)$ 的图像是一条抛物线，图像的顶点坐标为 $\left(-\frac{b}{2a},\frac{4ac-b^2}{4a}\right)$，对称轴是直线 $x=-\frac{b}{2a}$.

当 $a>0$ 时，图像的开口向上，如图 4－17 所示，此时 y 有最小值，$y_{\min}=\frac{4ac-b^2}{4a}$，无最大值.

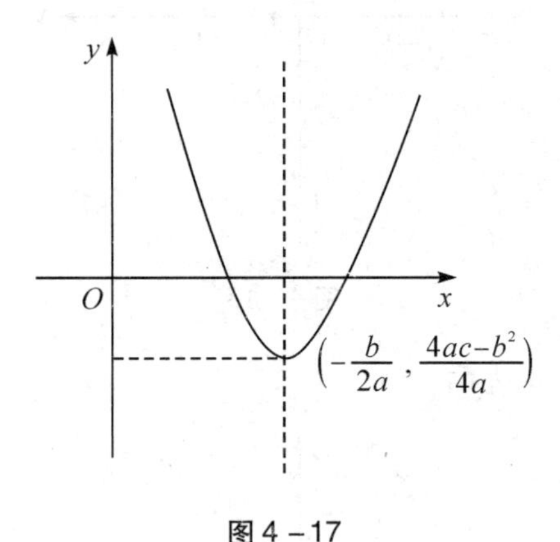

图 4－17

当 $a<0$ 时，图像的开口向下，如图 4－18 所示，此时 y 有最大值，$y_{\max}=\frac{4ac-b^2}{4a}$，无最小值.

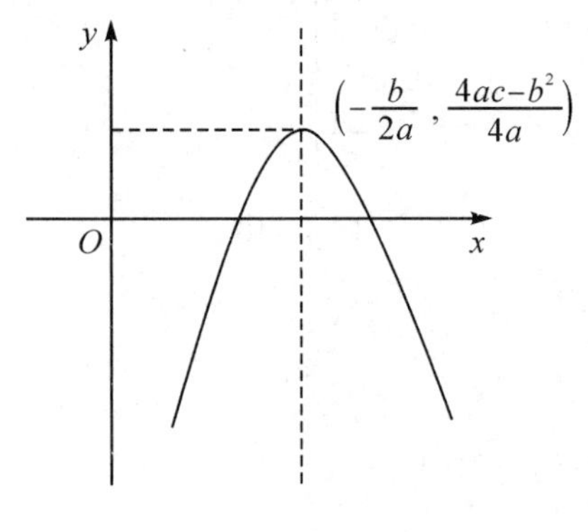

图 4－18

【例题 5】抛物线的图像如图 4 - 19 所示，根据图像可知，抛物线的解析式可能是(　　).

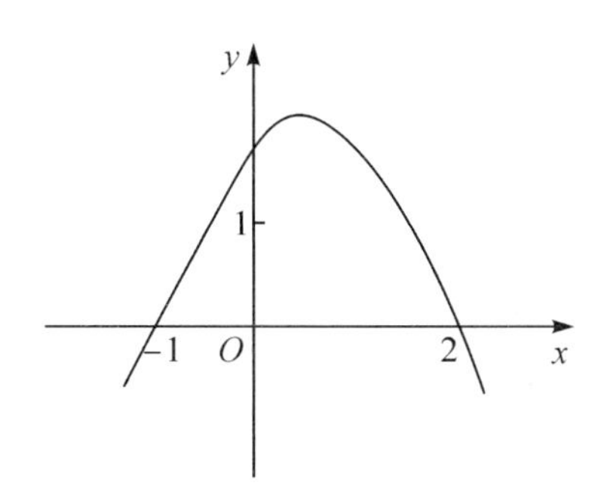

图 4 - 19

A. $y=x^2-x-2$　　　　B. $y=-\frac{1}{2}x^2+\frac{1}{2}x+1$

C. $y=-\frac{1}{2}x^2-\frac{1}{2}x+1$　　　　D. $y=-x^2+x+2$

【答案】D

【解析】由图像可知，抛物线开口向下，$a<0$；

对称轴 $x=-\frac{b}{2a}>0$，结合 $a<0$ 可知 $b>0$.

当 $x=0$ 时，$y=c$，图中抛物线与 y 轴交点纵坐标大于 1，故只能选 D.

【例题 6】已知某厂生产 x 件产品的成本为 $C=25000+200x+\frac{1}{40}x^2$（元），若产品以每件 500 元售出，则使利润最大的产量是(　　).

A. 2000 件　　B. 3000 件　　C. 4000 件　　D. 5000 件　　E. 6000 件

【答案】E

【解析】据题意列出利润表达式：利润 = 收入 - 成本 $=500x-C=-\frac{1}{40}x^2+300x-25000$，二次项系数为负，图像为开口向下的抛物线，在对称轴 $x=-\frac{b}{2a}=6000$ 时，取得利润最大值.

3. 图像与 x 轴交点个数

如图 4 - 20 所示，当 $\Delta=b^2-4ac>0$ 时，函数图像与 x 轴有两个交点.

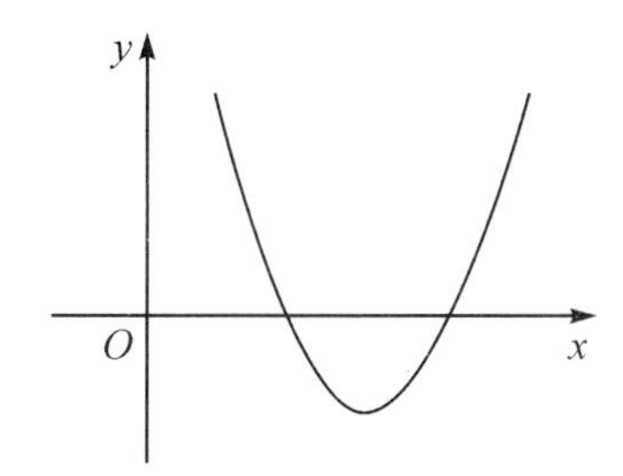

图 4 - 20

如图 4－21 所示，当 $\Delta = b^2 - 4ac = 0$ 时，函数图像与 x 轴有一个交点.

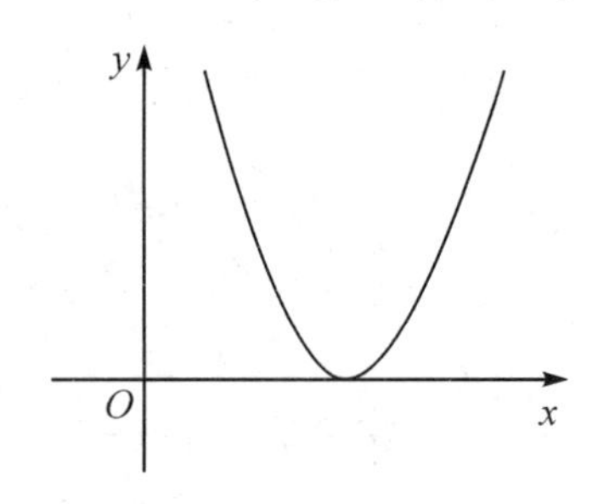

图 4－21

如图 4－22 所示，当 $\Delta = b^2 - 4ac < 0$ 时，函数图像与 x 轴没有交点.

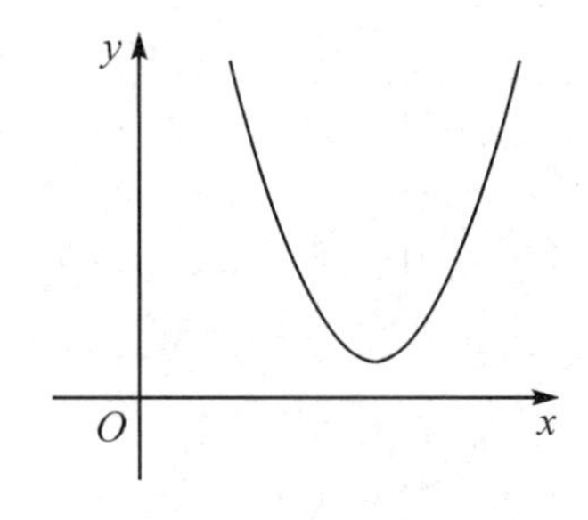

图 4－22

【例题 7】设 a,b 是两个不相等的实数，且$a^2 > b$，判断函数$f(x) = x^2 + 2ax + b$ 的最小值是否小于零.

【解析】$f(x) = x^2 + 2ax + b$，二次函数开口向上，因为$a^2 > b$，所以$\Delta = 4a^2 - 4b = 4(a^2 - b) > 0$，意味着$f(x)$与 x 轴有两个交点，所以函数$f(x)$的最小值小于零.

4.2.5　基本初等函数

一、指数函数

1. 定义

函数 $y = a^x(a > 0$，且 $a \neq 1)$叫作指数函数. 指数函数的定义域是 $\mathbf{R}$，值域是$(0, +\infty)$.

2. 图像

当 $a > 1$ 时，指数函数 $y = a^x$ 的图像如图 4－23 所示；当 $0 < a < 1$ 时，指数函数 $y = a^x$ 的图像如图 4－24 所示.

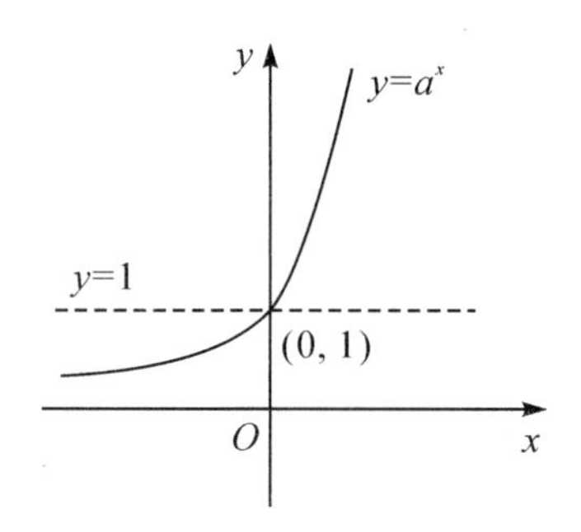

图4－23 $a>1$ 时的图像

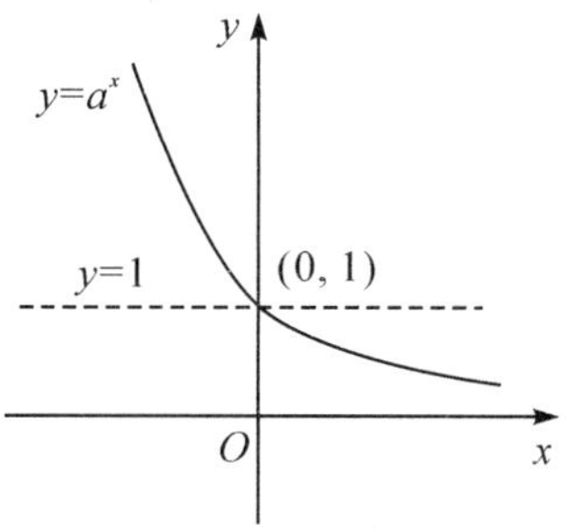

图4－24 $0<a<1$ 时的图像

注意:指数函数的图像恒过定点$(0,1)$,即当 $x=0$ 时,$y=1$.

3. 单调性

指数函数 $y=a^x(a>0$,且 $a\neq1)$,当 $a>1$ 时,在 $\mathbf{R}$ 上是增函数;当 $0<a<1$ 时,在 $\mathbf{R}$ 上是减函数.

【例题 8】已知 a,b 为实数,且$\left(\frac{1}{2}\right)^a<\left(\frac{1}{2}\right)^b$,则有(　　).

A. $a>b$　　B. $a<b$　　C. $a\geqslant b$　　D. $a\leqslant b$

【答案】A

【解析】由指数函数 $y=a^x(a>0$,且 $a\neq1)$的性质可得当 $0<a<1$ 时,在 $\mathbf{R}$ 上是减函数.

因为$\left(\frac{1}{2}\right)^a<\left(\frac{1}{2}\right)^b$,由减函数性质可得 $a>b$.

二、对数函数

1. 对数的定义

若$a^x=N(a>0$,且 $a\neq1)$,则 x 叫作以 a 为底 N 的对数,记作 $x=\log_aN$,其中 a 叫作底数,N 叫作真数.

2. 对数的运算性质

如果 $a>0,a\neq1,M>0,N>0$,那么有:

加法:$\log_aM+\log_aN=\log_aMN$;

减法:$\log_aM-\log_aN=\log_a\frac{M}{N}$;

数乘:$n\log_aM=\log_aM^n(n\in\mathbf{R})$;

换底公式:$\log_aN=\frac{\log_bN}{\log_ba}(b>0$,且 $b\neq1)$.

3. 对数函数及其性质

(1)定义:函数 $y=\log_ax(a>0$ 且 $a\neq1)$叫作对数函数. 定义域$(0,+\infty)$,值域 $\mathbf{R}$.

(2)图像. 当 $a>1$ 时,对数函数 $y=\log_ax$ 的图像如4－25 所示;当 $0<a<1$ 时,对数函数 $y=\log_ax$ 的图像如图 4－26 所示.

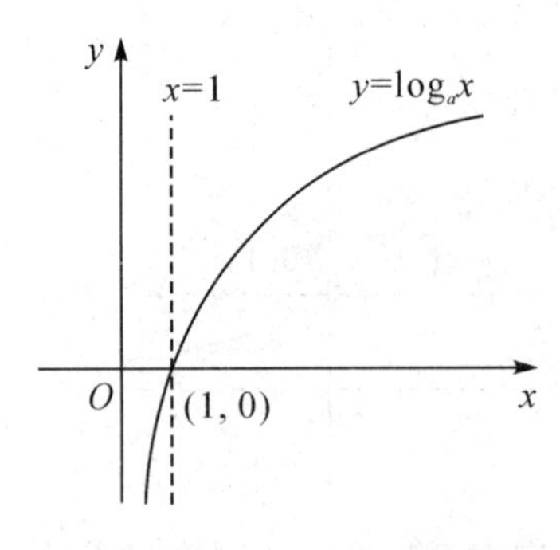

图 4 - 25　$a>1$ 时的图像

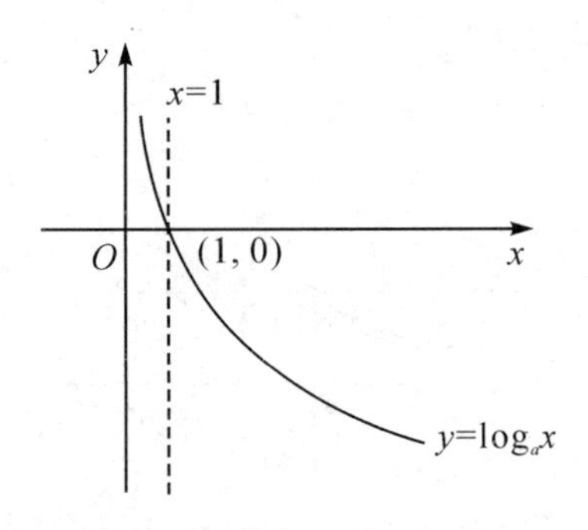

图 4 - 26　$0<a<1$ 时的图像

注意:对数函数的图像恒过定点$(1,0)$,即当 $x=1$ 时,$y=0$.

(3)单调性.

对数函数 $y=\log_a x(a>0$ 且 $a\neq 1)$,当 $a>1$ 时,在$(0,+\infty)$上是增函数;当 $0<a<1$ 时,在$(0,+\infty)$上是减函数.

【例题 9】由 $\lg(x^2+y^2)\leqslant 2(x^2+y^2\neq 0)$,可得到 $x^2+y^2\leqslant 100$.

【解析】$\lg(x^2+y^2)\leqslant 2\Rightarrow\lg(x^2+y^2)\leqslant\lg 10^2\Rightarrow x^2+y^2\leqslant 10^2=100$.

习题演练

(题目前标有"★"为选做题目,其他为必做题目.)

1. 计算下列点与点之间的距离、点到坐标轴的距离.

(1)点 $M(a,b)$ 到 x 轴的距离为________.

(2)点 $M(a,b)$ 到 y 轴的距离为________.

(3)点 $M(a,b)$ 到原点的距离为________.

(4)x 轴上两点 $M_1(x_1,0)$,$M_2(x_2,0)$ 之间的距离 $M_1M_2=$ ________.

(5)y 轴上两点 $M_1(0,y_1)$,$M_2(0,y_2)$ 之间的距离 $M_1M_2=$ ________.

2. 在平面直角坐标系中,点 $P(-2,x^2+1)$ 所在的象限是(　　).

A. 第一象限　　B. 第二象限　　C. 第三象限　　D. 第四象限

3. 若点 $P(2-a,a+1)$ 在第四象限内,则 a 的取值范围是________.

★4. 已知平面直角坐标系内不同的两点 $A(3a+2,4)$ 和 $B(3,2a+2)$ 到 x 轴的距离相等,则 a 的值为________.

5. 函数 $y=\dfrac{\sqrt{x-2}}{x-3}$ 中自变量 x 的取值范围是(　　).

A. $x>2$　　B. $x\geqslant 2$　　C. $x\geqslant 2$ 且 $x\neq 3$　　D. $x\neq 3$

6. 设点 $A(a,b)$ 是正比例函数 $y=-\dfrac{3}{2}x$ 图像上的任意一点,则下列等式一定成立的是(　　).

A. $2a+3b=0$　　B. $2a-3b=0$　　C. $3a-2b=0$　　D. $3a+2b=0$

★7. 根据表4.4中一次函数的自变量 x 与函数 y 的对应值,可得 p 的值为(　　).

表4.4　自变量 x 与函数 y 的对应值

x	-2	0	1
y	3	p	0

A. 1　　B. -1　　C. 3　　D. -3

★8. 已知二次函数 $y=ax^2+bx+c$ 的图像如图4-27所示,则下列代数式中:(1)a;(2)b;(3)c;(4)b^2-4ac;(5)$4a+b$;(6)$a+b+c$;(7)$a-b+c$,值为正的有(　　)个.

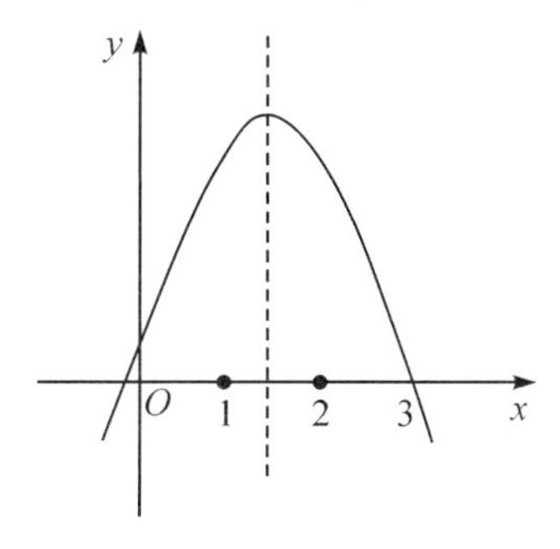

图4-27

A. 2　　B. 3　　C. 4　　D. 5 E. 6

9. 抛物线 $y=x^2+2x+m-1$ 与 x 轴有两个不同的交点，则 m 的取值范围是（　　）.

A. $m<2$　　B. $m>2$　　C. $0<m\leqslant 2$　　D. $m<-2$

10. 二次函数 $y=x^2+2x$ 的顶点坐标为________，对称轴是直线________.

11. 二次函数 $y=x^2+bx+c$ 的图像与 x 轴交点为 $A(-1,0)$，$B(3,0)$ 两点，其顶点坐标是________.

12. 二次函数 $x(1-x)$ 的最大值为________.

13. 计算.

(1) $\log_2(64\times 16)$.　　★(2) $\log_3(9\times 27)$.　　(3) $\log_3 36-\log_3 12$.

★(4) $\log_7\frac{5}{9}+\log_7\frac{9}{35}$.　　(5) $\lg 20+\lg 5$.　　★(6) $\log_{\frac{1}{2}}(8)^2$.

参考答案

1.【解析】

(1)如图4-28所示,点$M(a,b)$到x轴的距离为MA,也就是其纵坐标的绝对值,即$|b|$.

(2)如图4-28所示,点$M(a,b)$到y轴的距离为MB,也就是其横坐标的绝对值,即$|a|$.

(3)如图4-28所示,点$M(a,b)$到原点的距离为三角形OMA的斜边,等于$\sqrt{a^2+b^2}$.

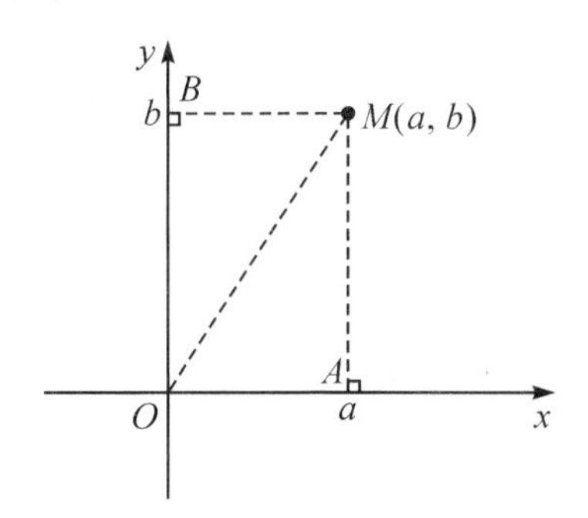

图4-28

(4)x轴上两点$M_1(x_1,0)$,$M_2(x_2,0)$之间的距离等于两点横坐标之差的绝对值,即

$$|x_1-x_2|$$

(5)y轴上两点$M_1(0,y_1)$,$M_2(0,y_2)$之间的距离等于两点纵坐标之差的绝对值,即

$$|y_1-y_2|$$

2.【答案】B

【解析】由于$-2<0$,$x^2\geqslant0$,则$x^2+1>0$,所以点$P(-2,x^2+1)$所在的象限是第二象限.

3.【答案】$a<-1$

【解析】由于点$P(2-a,a+1)$在第四象限内,所以$\begin{cases}2-a>0\\a+1<0\end{cases}$,解得$a<-1$.

4.【答案】1或-3

【解析】两点$A(3a+2,4)$和$B(3,2a+2)$到x轴的距离相等,说明两点的纵坐标绝对值相等,即$4=|2a+2|$,解得$a=1$或$a=-3$.

5.【答案】C

【解析】由分式分母不为零和二次根式被开方数非负可得$\begin{cases}x-2\geqslant0\\x-3\neq0\end{cases}$,解得$x\geqslant2$且$x\neq3$,故选C.

6.【答案】D

【解析】由于点$A(a,b)$是函数$y=-\frac{3}{2}x$图像上一点,所以$b=-\frac{3}{2}a$,$-2b=3a$,$3a+2b=0$,故选D.

7.【答案】A

【解析】设一次函数的解析式为 $y=kx+b$，因为一次函数过点$(-2,3)$和$(1,0)$，所以 $\begin{cases}-2k+b=3\\k+b=0\end{cases}$，解得$\begin{cases}k=-1\\b=1\end{cases}$，一次函数为 $y=-x+1$，当 $x=0$ 时，$p=1$，故选 A.

8.【答案】C

【解析】(1)抛物线开口向下，故 $a<0$.

(2)对称轴 $x=-\dfrac{b}{2a}>0$，结合 $a<0$ 可知 $b>0$.

(3)抛物线在 y 轴截距为正，故 $c>0$.

(4)抛物线与 x 轴有两个不同的交点，即对应二次方程 $ax^2+bx+c=0$ 有两个不相等的实根，根的判别式 $\Delta=b^2-4ac>0$.

(5)对称轴 $x=-\dfrac{b}{2a}$在$(1,2)$内，即 $1<-\dfrac{b}{2a}<2$. 由于 $a<0$，不等式两边同乘 $2a$，不等号方向改变，故有 $4a<-b<2a$，$4a+b<0$.

(6)$x=1$ 时，$f(1)=a+b+c>0$.

(7)$x=-1$ 时，$f(-1)=a-b+c<0$.

故值为正的有 4 个，选 C.

9.【答案】A

【解析】由于抛物线 $y=x^2+2x+m-1$ 与 x 轴有两个不同的交点，所以

$$\Delta=b^2-4ac=2^2-4\times1\times(m-1)=8-4m>0$$

解得 $m<2$，选 A.

10.【答案】$(-1,-1)$，$x=-1$

【解析】顶点坐标为$\left(-\dfrac{b}{2a},\dfrac{4ac-b^2}{4a}\right)=\left(-\dfrac{2}{2\times1},\dfrac{4\times1\times0-2^2}{4\times1}\right)=(-1,-1)$.

对称轴是 $x=-\dfrac{b}{2a}=-\dfrac{2}{2\times1}=-1$.

11.【答案】$(1,-4)$

【解析】将 A，B 两点坐标代入二次函数 $y=x^2+bx+c$ 得

$$\begin{cases}1-b+c=0 & ①\\9+3b+c=0 & ②\end{cases}$$

②－①，得 $4b=-8$，$b=-2$.

代入①得 $c=-3$.

原二次函数为 $y=x^2-2x-3=(x-1)^2-4$.

顶点坐标为$\left(-\dfrac{-2}{2\times1},\dfrac{4\times1\times(-3)-(-2)^2}{4\times1}\right)=(1,-4)$.

12.【答案】$\dfrac{1}{4}$

【解析】$y=x(1-x)=x-x^2=-x^2+x-\dfrac{1}{4}+\dfrac{1}{4}=-\left(x-\dfrac{1}{2}\right)^2+\dfrac{1}{4}$，为开口向下抛物线，

$y_{\max} = \frac{1}{4}$.

13.【解析】

(1) $\log_2(64\times16)=\log_2 64+\log_2 16=\log_2 2^6+\log_2 2^4=6+4=10$;

(2) $\log_3(9\times27)=\log_3 9+\log_3 27=\log_3 3^2+\log_3 3^3=2+3=5$;

(3) $\log_3 36-\log_3 12=\log_3(36\div12)=\log_3 3=1$;

(4) $\log_7\frac{5}{9}+\log_7\frac{9}{35}=\log_7\left(\frac{5}{9}\times\frac{9}{35}\right)=\log_7\frac{5}{35}=\log_7\frac{1}{7}=\log_7 7^{-1}=-1$;

(5) $\lg20+\lg5=\lg(20\times5)=\lg100=\lg10^2=2$;

(6) $\log_{\frac{1}{2}}(8)^2=2\log_{\frac{1}{2}}8=2\log_{2^{-1}}2^3=2\times(-3)=-6$.

第5章 数　列

5.1 数列的基本概念

一、概念

一般地,按一定次序排列的一列数叫作数列,数列中的每一个数叫作这个数列的项,数列的一般形式可以写成

$$a_1,a_2,a_3,\cdots,a_n,\cdots$$

简记为数列$\{a_n\}$,其中数列的第一项a_1也称为首项,a_n是数列的第n项,也叫数列的通项.

例如,①正奇数1,3,5,7…排成一列数,其中,首项$a_1=1$;第6项$a_6=11$;第n项$a_n=2n-1$.

②某地2020年,四个季度的平均温度,按季度排序排列为10,20,28,21(单位:℃),其中,首项$a_1=10$;第3项$a_3=28$.

像数列②这种项数有限的数列,称为有穷数列;像数列①这种项数无限的数列,称为无穷数列.

二、通项公式

上例数列①中,每一项的序号n与这一项a_n有下面的对应关系

序号	1	2	3	4	…	n	…
	↓	↓	↓	↓		↓	
项	1	3	5	7	…	$2n-1$	…

可以看出,这个数列的每一项的序号n与这一项a_n的对应关系可用如下公式表示:

$$a_n=2n-1$$

这样,只要依次用序号1,2,3…代替公式中的n,就可以求出该数列相应的项.

如果数列$\{a_n\}$的第n项a_n与n之间的关系可以用一个式子表示成$a_n=f(n)$,那么这个式子就叫作这个数列的通项公式(并不是所有数列都能写出通项公式).

三、分类

一般地，一个数列$\{a_n\}$，如果从第2项起，每一项都大于它前面的一项，即$a_{n+1}>a_n$，那么这个数列叫作递增数列. 如数列$\frac{1}{2},\frac{2}{3},\frac{3}{4},\cdots,\frac{n}{n+1},\cdots$是递增数列.

如果从第2项起，每一项都小于它前面的一项，即$a_{n+1}<a_n$，那么这个数列叫作递减数列. 如数列$2,1,0,-1,\cdots,3-n,\cdots$是递减数列.

如果数列$\{a_n\}$的各项都相等，那么这个数列叫作常数列. 如数列2,2,2,2,2是常数列.

如果从第2项起，有些项大于它的前一项，有些项小于它的前一项的数列叫作摆动数列. 如数列$1,-1,2,-2,3,-3$是摆动数列.

四、数列前n项和

从数列第一项a_1开始依次相加，至第n项a_n，这n项的和称为数列的前n项和，记作

$$S_n=a_1+a_2+a_3+\cdots+a_n$$

同样$S_{2n}=a_1+a_2+\cdots+a_n+a_{n+1}+a_{n+2}+\cdots+a_{2n}$.

所以$S_{2n}-S_n=a_{n+1}+a_{n+2}+\cdots+a_{2n}$.

【例题】已知数列前8项和为$S_8=18$，前5项和为$S_5=6$，则$a_6+a_7+a_8=$________.

【答案】12

【解析】$S_8=a_1+a_2+a_3+a_4+a_5+a_6+a_7+a_8=18$

$S_5=a_1+a_2+a_3+a_4+a_5=6$

所以$a_6+a_7+a_8=S_8-S_5=18-6=12$.

5.2 等差数列

一、定义

从第2项起，每一项与前一项的差是同一个常数，我们称这样的数列为等差数列. 称这个常数为等差数列的公差，通常用字母d表示.

由此定义可知，对等差数列$\{a_n\}$，有

$$a_2-a_1=a_3-a_2=\cdots=a_n-a_{n-1}=d$$

二、通项公式

如果等差数列$\{a_n\}$的首项是a_1，公差为d，则根据等差数列的定义可以得到

$$a_2=a_1+d$$

$$a_3=a_2+d=(a_1+d)+d=a_1+2d$$

$$a_4=a_3+d=(a_1+2d)+d=a_1+3d$$

$$\cdots\cdots$$

由此归纳出等差数列的通项公式为

$$a_n=a_1+(n-1)d$$

这个公式还可以根据下面的方法得到：

由等差数列的定义得

$$a_2-a_1=d$$

$$a_3-a_2=d$$

$$a_4-a_3=d$$

$$\cdots\cdots$$

$$a_{n-1}-a_{n-2}=d$$

$$a_n-a_{n-1}=d$$

将这 $n-1$ 个式子等号两边分别相加，得$a_n-a_1=(n-1)d$，即

$$a_n=a_1+(n-1)d$$

【例题1】等差数列$a_1=1$，$a_4=4a_1$，则该数列的通项公式为$a_n=$(　　).

【解析】

$$a_1=1$$

$$a_4=4a_1=4$$

$$a_4=a_1+3d=1+3d=4$$

解得 $d=1$.

$$a_n=a_1+(n-1)d=1+(n-1)1=n$$

【例题2】已知等差数列$\{a_n\}$，$a_n=4n-3$，求首项a_1 和公差 d.

【解析】思路一：由$a_n=4n-3$ 知，$a_1=4\times1-3=1$.

$d=a_2-a_1=4\times2-3-1=4$.

思路二：$a_n=a_1+(n-1)d=a_1+nd-d=dn+a_1-d$.

所以$\begin{cases}d=4\\a_1-d=-3\end{cases}$，得$\begin{cases}d=4\\a_1=1\end{cases}$.

【例题3】下列通项公式表示的数列为等差数列的是(　　).

A. $a_n=\dfrac{n}{n-1}$　　B. $a_n=n^2-1$　　C. $a_n=5n+(-1)^n$

D. $a_n=3n-1$　　E. $a_n=\sqrt{n}-\sqrt[3]{n}$

【答案】D

【解析】等差数列通项公式$a_n=a_1+(n-1)d=nd+a_1-d$ 为关于 n 的一次函数，故仅 D 选项符合.

【例题4】一等差数列中，$a_1=2$，$a_4+a_5=-3$，该等差数列的公差是(　　).

A. -2　　B. -1　　C. 1　　D. 2　　E. 3

【答案】B

【解析】将数列的其他项利用通项公式$a_n=a_1+(n-1)d$ 转换成a_1 和 d 来表示即可：$a_4+a_5=a_1+3d+a_1+4d=4+7d=-3\Rightarrow d=-1$.

三、等差数列的前 n 项和

设等差数列$\{a_n\}$的前 n 项和为S_n，则

$$S_n = a_1 + a_2 + a_3 + \cdots + a_n$$

根据等差数列$\{a_n\}$的通项公式，上式还可以写成

$$S_n = a_1 + (a_1 + d) + (a_1 + 2d) + \cdots + [a_1 + (n-1)d]$$

再把项的次序反过来，S_n 又可以写成

$$S_n = a_n + (a_n - d) + (a_n - 2d) + \cdots + [a_n - (n-1)d]$$

把两式等号两边分别相加，得

$$2S_n = (a_1 + a_n) + (a_1 + a_n) + \cdots + (a_1 + a_n)$$

$$2S_n = n(a_1 + a_n)$$

所以，首项为a_1，末项为a_n，项数为 n 的等差数列的前 n 项和为

$$S_n = \frac{n(a_1 + a_n)}{2}$$

将$a_n = a_1 + (n-1)d$ 代入上式可得

$$S_n = na_1 + \frac{n(n-1)}{2}d$$

【例题5】一所四年制大学每年的毕业生7月份离校，新生9月份入学，该校2001年招生2000名，之后每年比上一年多招200名，则该校2007年9月底的在校学生有(　　).

A. 14000名　　B. 11600名　　C. 9000名　　D. 6200名　　E. 3200名

【答案】B

【解析】在校生共有4个年级，在2007年9月底，在校生分别是2007年、2006年、2005年、2004年入学的学生. 根据等差数列写出每一年的人数：2001年为2000人；2002年为2200人；2003年为2400人；2004年为2600人；2005年为2800人；2006年为3000人；2007年为3200人. 故2007年九月底的在校学生有$2600 + 2800 + 3000 + 3200 = 11600$(人).

5.3　等比数列

一、定义

一般地，如果一个数列从第2项起，每一项与它的前一项的比值都等于同一个常数，那么这个数列叫作等比数列，这个常数叫作等比数列的公比，公比通常用字母 q 表示($q \neq 0$).

由此定义可以知道

$$\frac{a_2}{a_1} = \frac{a_3}{a_2} = \frac{a_4}{a_3} = \cdots = \frac{a_n}{a_{n-1}} = q$$

【例题 1】下列数列中，哪些是等比数列.

(1)$1,-\frac{1}{2},\frac{1}{4},-\frac{1}{8},\frac{1}{16}$.　　(2)$1,1,1,\cdots,1$.

(3)$1,2,4,8,12,16,20$.　　(4)$a,a^2,a^3,\cdots,a^n$.

【解析】(1)是等比数列，公比 $q=-\frac{1}{2}$.

(2)是公比为 1 的等比数列.

(3)由于$\frac{8}{4}\neq\frac{12}{8}$，所以该数列不是等比数列.

(4)当 $a\neq0$ 时，这个数列是公比为 a 的等比数列；当 $a=0$ 时，它不是等比数列.

二、通项公式

如果等差数列$\{a_n\}$的首项是a_1，公比为 q，则根据等比数列的定义可以得到

$$a_2=a_1q$$

$$a_3=a_2q=(a_1q)q=a_1q^2$$

$$a_4=a_3q=(a_1q^2)q=a_1q^3$$

$$\cdots\cdots$$

由此可归纳出

$$a_n=a_1\cdot q^{n-1}$$

所以，首项为a_1，公比为 q 的等比数列的通项公式为

$$a_n=a_1\cdot q^{n-1}(a_1\neq0,q\neq0)$$

【例题 2】一个等比数列的首项为 2，第 2 项与第 3 项的和是 12，求它的第 5 项的值.

【解析】设等比数列的首项为a_1，公比为 q，则由已知，得$\begin{cases}a_1=2\\a_1q+a_1q^2=12\end{cases}$.

则$q^2+q-6=0$，$(q+3)(q-2)=0$，解得 $q=-3$ 或 2.

当 $q=-3$ 时，$a_5=a_1\cdot q^4=2\times(-3)^4=162$.

当 $q=2$ 时，$a_5=a_1\cdot q^4=2\times(2)^4=32$.

故数列的第 5 项是 162 或 32.

【例题 3】等比数列$\{a_n\}$满足$a_1+a_3=10$，$a_2+a_4=20$，则$a_3+a_5=$________.

【答案】40

【解析】$\frac{a_2+a_4}{a_1+a_3}=\frac{a_1q+a_3q}{a_1+a_3}=\frac{(a_1+a_3)q}{a_1+a_3}=q=2$

因此$a_3+a_5=a_2q+a_4q=q(a_2+a_4)=40$.

三、前 n 项和

设等比数列$\{a_n\}$的前 n 项和为S_n，则可得到

$$S_n = a_1 + a_1 q + a_1 q^2 + \cdots + a_1 q^{n-1}$$

上式的等号两边同乘以 q,得

$$qS_n = a_1 q + a_1 q^2 + a_1 q^3 + \cdots + a_1 q^n$$

两式相减可得

$$S_n(1-q) = a_1(1-q^n)$$

$$S_n = \frac{a_1(1-q^n)}{1-q}$$

显然上式中 q 不能为1,当 $q=1$ 时数列为常数列,此时

$$S_n = na_1$$

即等比数列$\{a_n\}$的前 n 项和

$$S_n = \begin{cases} na_1, & q=1 \\ \dfrac{a_1(1-q^n)}{1-q}, & q \neq 1 \end{cases}$$

【例题4】某人在保险柜中存放了 M 元现金,第一天取出它的$\frac{2}{3}$,以后每天取出前一天所取的$\frac{1}{3}$,共取了7次,保险柜中剩余的现金为(   ).

A. $\frac{M}{3^7}$元　　B. $\frac{M}{3^6}$元　　C. $\frac{2M}{3^6}$元

D. $\left[1-\left(\frac{2}{3}\right)^7\right]M$ 元　　E. $\left[1-7\left(\frac{2}{3}\right)^7\right]M$ 元

【答案】A

【解析】第一天取出$\frac{2}{3}M$;第二天取出$\frac{2}{3}M \times \frac{1}{3} = \frac{2}{9}M$;第三天取出$\frac{2}{3}M \times \frac{1}{3} \times \frac{1}{3} = \frac{2}{27}M$,……,依此类推,可以看出每天取出的钱数为首项为$\frac{2}{3}M$、公比为$\frac{1}{3}$的等比数列. 则7天共取出$S_7 = \dfrac{\frac{2}{3}M\left[1-\left(\frac{1}{3}\right)^7\right]}{1-\frac{1}{3}} = M - \left(\frac{1}{3}\right)^7 M$. 则还剩余 $M - \left[M - \left(\frac{1}{3}\right)^7 M\right] = \frac{M}{3^7}$元.

习题演练

（题目前标有"★"为选做题目，其他为必做题目.）

1. 根据下面的通项公式，分别写出数列的前 5 项.

 (1) $a_n=\dfrac{n}{n+2}$.　　★(2) $a_n=2n-1$.

2. 已知数列$\{a_n\}$的通项公式为$a_n=25-2n$，在下列数列中，(　　)不是$\{a_n\}$的项.

 A. 1　　B. -1　　C. 2　　D. 3

3. 给定S_n写出S_{n-1}和a_n的表达式.

 (1) 在任意数列中，前 n 项和$S_n=2n^2+n$，求S_{n-1}的表达式？

 ★(2) 在任意数列中，前 n 项和$S_n=9n^2-n$，求S_{n-1}的表达式？

 (3) 在任意数列中，前 n 项和$S_n=2^n-1$，求a_n的表达式？

4. 判断下面数列是否为等差数列.

 (1) $a_n=2n+1$.　　(2) $a_n=(-1)^n$.

5. 已知在等差数列$\{a_n\}$中，$a_5=-20$，$a_{20}=-35$，试求出数列的通项公式.

6. 数列$\{a_n\}$前 n 项和$S_n=n^2+1$.

 (1) 试写出数列的前 3 项.　　★(2) 写出数列的通项公式.

7. 已知等比数列$\{a_n\}$中，$a_1=2$，$q=3$，求S_3.

8. 如果$-1,a,b,c,-9$成等比数列，那么(　　).

 A. $b=3,ac=9$　　B. $b=-3,ac=9$　　C. $b=3,ac=-9$　　D. $b=-3,ac=-9$

参考答案

1.【解析】(1)在通项公式中依次取 $n=1,2,3,4,5$,得到数列$\{a_n\}$的前5项为$\frac{1}{3}$,$\frac{1}{2}$,$\frac{3}{5}$,$\frac{2}{3}$,$\frac{5}{7}$.

(2)在通项公式中依次取 $n=1,2,3,4,5$,得到数列$\{a_n\}$的前5项为1,3,5,7,9.

2.【答案】C

【解析】由于 n 为正整数,则 $2n$ 为偶数,25是奇数,奇数-偶数=奇数,所以不可能为2.

3.【解析】(1)由$S_n=2n^2+n$ 可得

$$\begin{aligned}S_{n-1}&=2(n-1)^2+(n-1)\\&=2(n^2+1-2n)+n-1\\&=2n^2+2-4n+n-1\\&=2n^2-3n+1\end{aligned}$$

(2)由$S_n=9n^2-n$ 可得

$$\begin{aligned}S_{n-1}&=9(n-1)^2-(n-1)\\&=9(n^2+1-2n)-(n-1)\\&=9n^2+9-18n-n+1\\&=9n^2-19n+10\end{aligned}$$

(3)$S_n=2^n-1$,$a_n=S_n-S_{n-1}$可得

$$\begin{aligned}a_n&=S_n-S_{n-1}\\&=(2^n-1)-(2^{n-1}-1)\\&=2^n-2^{n-1}\\&=2^{n-1}\cdot(2-1)\\&=2^{n-1}\end{aligned}$$

4.【解析】(1)由通项$a_n=2n+1$ 可知$a_{n-1}=2(n-1)+1$,所以$a_n-a_{n-1}=2n+1-[2(n-1)+1]=2$,由等差数列的定义可知,这个数列是等差数列.

(2)由通项$a_n=(-1)^n$,可知该数列为$-1,1,-1,1,\cdots$,$a_2-a_1=2$,$a_3-a_2=-2$.

由于$a_2-a_1\neq a_3-a_2$,所以这个数列不是等差数列.

5.【解析】设$\{a_n\}$的通项公式是 $a_n=a_1+(n-1)d$,则$\begin{cases}a_5=a_1+4d=-20\\a_{20}=a_1+19d=-35\end{cases}$,解得$\begin{cases}a_1=-16\\d=-1\end{cases}$.

故数列的通项公式为$a_n=-16+(n-1)(-1)=-15-n$.

6.【解析】(1)$a_1=S_1=1^2+1=2$,$a_1+a_2=S_2=2^2+1=5$,所以 $a_2=5-2=3$.

$a_1+a_2+a_3=S_3=3^2+1=10$,所以$a_3=10-2-3=5$.

(2) 当 $n \geqslant 2$ 时，$a_n = S_n - S_{n-1} = n^2 + 1 - [(n-1)^2 + 1] = 2n - 1$.

$n = 1$ 时，$a_1 = 2$ 不满足$a_n = 2n - 1$，所以通项公式为$a_n = \begin{cases} 2, & n = 1 \\ 2n - 1, & n \geqslant 2 \end{cases}$.

7.【解析】代入等比数列前 n 项和公式 $S_n = \dfrac{a_1(1 - q^n)}{1 - q}$，得$S_3 = \dfrac{2(1 - 3^3)}{1 - 3} = 26$.

8.【答案】B

【解析】由 $-1, a, b, c, -9$ 成等比数列可得$\dfrac{a}{-1} = \dfrac{b}{a} = \dfrac{c}{b} = \dfrac{-9}{c}$.

由$\dfrac{a}{-1} = \dfrac{-9}{c}$得 $ac = 9$，由$\dfrac{b}{a} = \dfrac{c}{b}$得$b^2 = ac = 9$，所以 $b = \pm 3$.

由$\dfrac{a}{-1} = \dfrac{b}{a}$得$a^2 = -b > 0$，所以 $b < 0$.

综上所述，$b = -3$，$ac = 9$，故选 B.

第6章　几　何

6.1　平面几何

6.1.1　三角形

一、三角形的定义

由同一平面内不在同一直线上的三条线段首尾顺次连接所组成的封闭图形称为三角形.

二、三角形的边角关系

(1)三角形的三边关系定理:三角形的任意两边之和大于第三边.

推论:三角形的任意两边之差小于第三边.

(2)三角形的内角和定理:三角形的内角和等于180°.

三、三角形的四心

三角形的四心为内心、外心、重心和垂心,它们的定义和性质见表6.1.

表6.1　三角形四心的定义及性质

四心	定义	图示	特征及应用
内心	三条角平分线的交点; 三角形内切圆的圆心	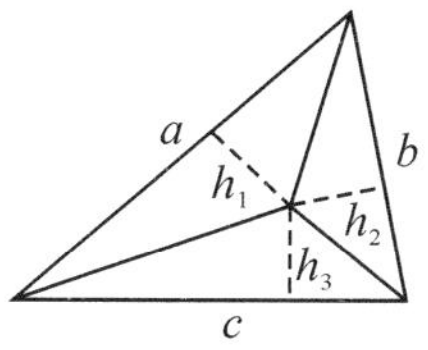 a　b　c　h_1　h_2　h_3	内心到三条边的距离均等于内切圆半径,即 $r=h_1=h_2=h_3$ 三角形面积公式:$S=\frac{r}{2}(a+b+c)=\frac{r}{2}\times$周长

续表

四心	定义	图示	特征及应用
外心	三边中垂线的交点；三角形外接圆的圆心	r r r	外心到三个顶点的距离相等，均等于外接圆半径
重心	三条中线的交点	A F G E B D C	重心到各边中点的距离等于此边上中线的三分之一 $GD=\frac{1}{3}AD$
垂心	三条高的交点	h_3 h_2 h_1	

【例题 1】下列哪项是错误的（　　）.

A. 三角形的外心到三角形各顶点的距离相等

B. 三角形的外心到三角形三边的距离相等

C. 三角形任意两边的中垂线的交点，是这个三角形的外心

D. 等边三角形的内心、外心重合

【答案】B

【解析】三角形的内心到三角形三边的距离相等，混淆了概念，所以 B 错误.

【例题 2】如图 6－1 所示，圆 O 与 $\triangle ABC$ 分别相切与点 D,E,F，$\triangle ABC$ 的周长为 20 cm，$AF=3$ cm，$CF=5$ cm，则 BE 的长度为（　　）.

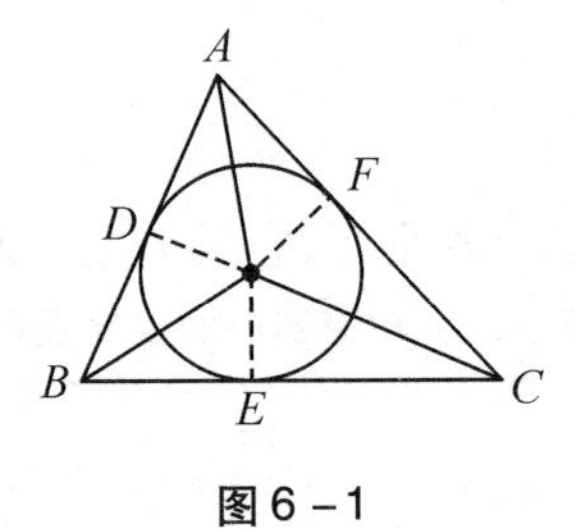

图 6－1

A. 1 cm　　B. 2 cm　　C. 3 cm　　D. 2.5 cm　　E. 3.5 cm

【答案】B

【解析】因为圆 O 与 $\triangle ABC$ 各边分别相切于点 D,E,F，所以 $AD=AF=3$，$CE=CF=5$，$BD=BE$.

$AC=AF+CF=3+5=8$，$AB=AD+BD=3+BE$，$BC=BE+CE=BE+5$，所以 $\triangle ABC$ 的周长 $=AC+AB+BC=8+3+BE+BE+5=16+2BE=20$.

解得 $BE=2$ cm，选 B.

四、三角形的面积公式

1. 一般三角形的面积

$$S_{\triangle}=\frac{1}{2}\times 底\times 高$$

如图6－2所示，h_1，h_2，h_3分别是$\triangle ABC$对应边上的高，则$\triangle ABC$的面积可表示为

$$S_{\triangle ABC}=\frac{1}{2}AB\times h_1=\frac{1}{2}BC\times h_2=\frac{1}{2}AC\times h_3$$

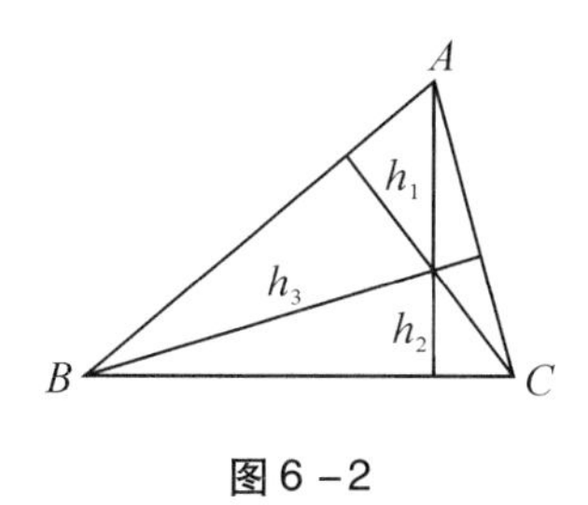

图6－2

故三角形的面积$S_{\triangle}=\frac{1}{2}\times$任意一个底边$\times$相对应的高.

2. 直角三角形的面积

$$S_{直角\triangle}=\frac{1}{2}\times 直角边_1\times 直角边_2=\frac{1}{2}\times 斜边\times 斜边上的高$$

如图6－3所示，在直角三角形中，AB边上的高即h_1，BC边上的高即$h_2=AC$，AC边上的高即$h_3=BC$，直角三角形面积$S_{直角\triangle ABC}=\frac{1}{2}\times AC\times BC=\frac{1}{2}\times AB\times h_1$，$AC\times BC=AB\times h_1$.

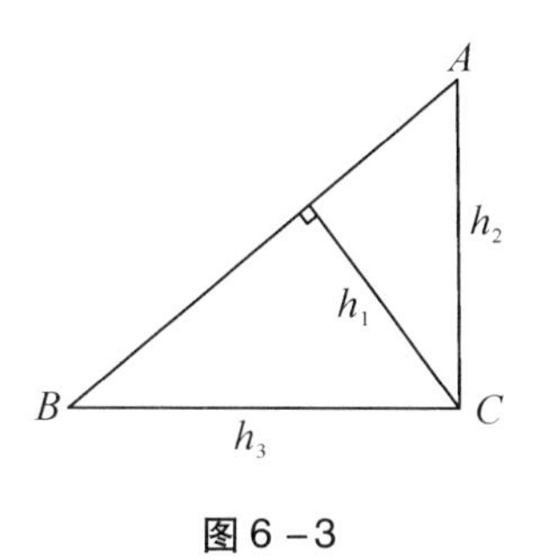

图6－3

3. 钝角三角形的面积

大于90°小于180°的角叫作钝角，有一个角是钝角的三角形就是钝角三角形.

（1）钝角三角形的高.

在作钝角三角形的高的时候，过三角形的顶点，作对边所在直线的垂线段.

（2）特点.

①钝角三角形作高时常用到辅助线.

②钝角三角形的两条高在钝角三角形的外部，另一条在三角形内部.

③钝角三角形中,两个锐角度数之和小于钝角度数.

如图6-4所示,$\triangle ABC$是一个钝角三角形,作BC的延长线BD,过点A作直线BD的垂线相交于点D,则AD就是$\triangle ABC$过顶点A的高,则$\triangle ABC$的面积可表示为$S_{\triangle ABC}=\frac{1}{2}BC\times AD$.

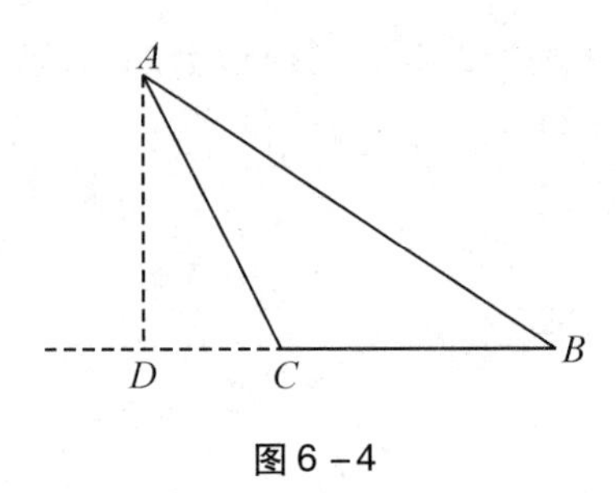

图6-4

五、直角三角形

(1)勾股定理:

若一个三角形为直角三角形,两条直角边分别为a,b,斜边为c,则有$a^2+b^2=c^2$.

常用勾股数有$a=3$,$b=4$,$c=5$;$a=6$,$b=8$,$c=10$;$a=5$,$b=12$,$c=13$等.

(2)两锐角分别为30°和60°的直角三角形中,30°角所对的直角边等于斜边的一半.

(3)直角三角形斜边上的中线等于斜边的一半.

六、三角形的内切圆和外接圆

(1)三角形内切圆:与三角形三边都相切的圆叫作三角形的内切圆.

(2)三角形外接圆:经过三角形三个顶点可以作一个圆,经过三角形各顶点的圆叫作三角形的外接圆.

设三角形的三边长分别为a,b,c,面积为S,周长为L,则三角形内切圆半径$r=\frac{2S}{a+b+c}=\frac{2S}{L}$,外接圆半径$R=\frac{abc}{4S}$;

若直角三角形的两直角边为a,b,斜边为c,则直角三角形的内切圆半径$r=\frac{a+b-c}{2}$,外接圆半径$R=\frac{c}{2}$;

若等边三角形的边长为a,则等边三角形的内切圆半径$r=\frac{\sqrt{3}a}{6}$,外接圆半径$R=\frac{\sqrt{3}a}{3}$.

【例题3】直角三角形的两条直角边分别是5和12,则它的内切圆半径为________,外接圆的半径为________.

【解析】根据勾股定理得,直角三角形斜边$=\sqrt{5^2+12^2}=13$.

直角三角形内切圆半径为 $r=\frac{a+b-c}{2}=\frac{5+12-13}{2}=2$.

外接圆半径为 $\frac{c}{2}=\frac{13}{2}$.

【例题4】 已知圆的半径是6,则圆内接正三角形的边长为多少?

【解析】 如图6-5所示,$\triangle ABC$ 是圆 O 的内接正三角形,$OA=OB=OC=6$.

因为 $\angle OBD=\frac{1}{2}\angle ABD=30°$,所以 $OD=\frac{1}{2}OB=3$.

由勾股定理可得 $BD=\sqrt{OB^2-OD^2}=\sqrt{6^2-3^2}=\sqrt{27}=3\sqrt{3}$.

则 $BC=2BD=6\sqrt{3}$,即圆内接正三角形的边长为 $6\sqrt{3}$.

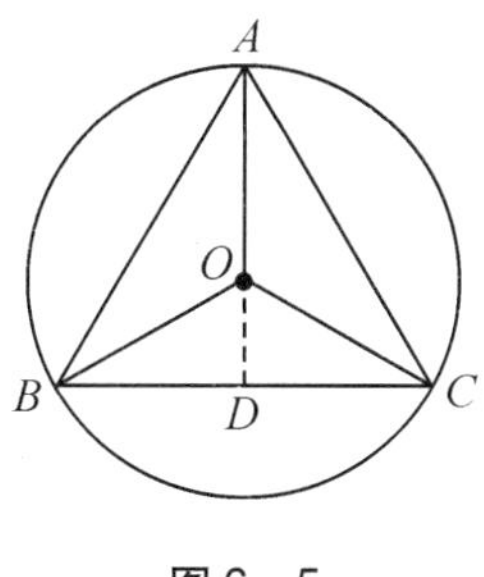

图6-5

6.1.2 四边形

一、矩形

矩形:矩形是四个角均为直角的特殊平行四边形,矩形包括长方形(见图6-6)和正方形(见图6-7).

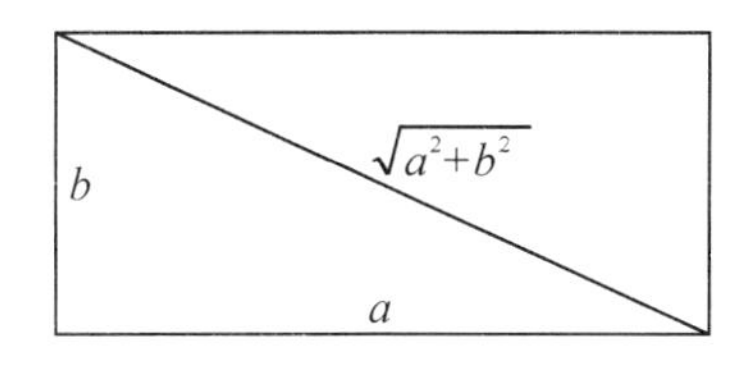

面积 $S=ab$,周长 $C=2(a+b)$

对角线长 $l=\sqrt{a^2+b^2}$

图6-6

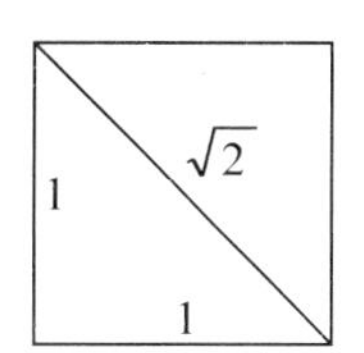

边长:对角线长 $=1:\sqrt{2}$

面积 $S=a^2$

图6-7

面积:矩形面积等于两邻边的乘积,即 $S=ab$.

矩形周长:矩形的周长等于两邻边和的两倍,即 $C=2(a+b)$.

矩形对角线:矩形的对角线将矩形分为两全等的三角形,符合勾股定理,即 $l_{对角线}{}^2=a^2+b^2$.

正方形：正方形是邻边相等的特殊矩形，即 $a=b$，将其代入矩形各公式可知正方形的面积 $S=a^2$；正方形的周长 $C=4a$；正方形的对角线$l_{对角线}=\sqrt{2}a$；正方形的对角线平分顶角，把正方形分为两个全等的等腰直角三角形.

二、菱形

菱形是四条边长度相等的平行四边形，如图 6－8 所示，菱形有以下性质：

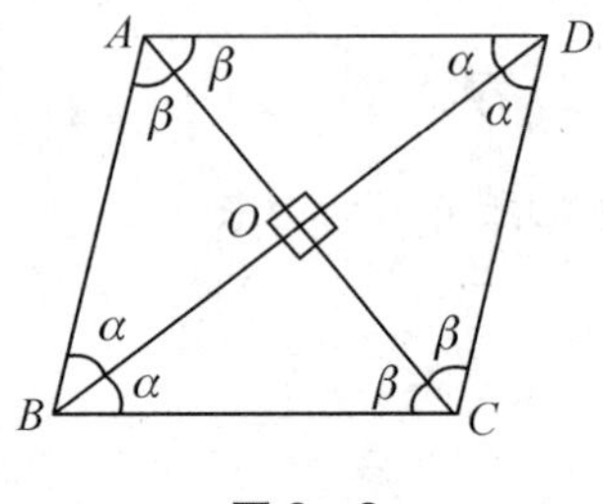

图 6－8

（1）菱形的四条边长度相等，即 $AB=BC=CD=DA$.

（2）菱形的对角线平分顶角，即 $\angle ADB=\angle CDB$，$\angle BAC=\angle DAC$ 等.

（3）菱形对角线互相垂直且平分，即 $AC\perp BD$ 且 $AO=CO$，$BO=DO$.

（4）菱形四个内角中，对角相等、邻角互补，即 $\angle ADC=\angle ABC$，$\angle BAD=\angle BCD$，$\angle ADC+\angle BCD=180^\circ$，$\angle ABC+\angle BAD=180^\circ$等.

（5）菱形的对角线把菱形分为 4 个全等的三角形，菱形面积为两条对角线乘积的一半，即$S_{菱形ABCD}=\frac{1}{2}AC\times BD=4S_{\triangle AOD}$.

三、梯形

只有一组对边平行，另一组对边不平行的四边形叫作梯形.

如图 6－9 所示，平行的对边分别称为梯形的上底和下底，不平行的对边称为梯形的腰.

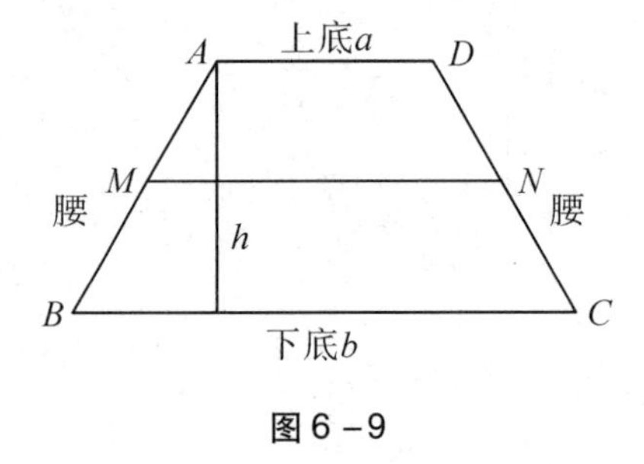

图 6－9

梯形面积：$S_{梯形ABCD}=\frac{1}{2}(a+b)\times h$.

等腰梯形：两个腰长度相等的梯形称为等腰梯形，等腰梯形两底角相等，它们互为等价关系. 即图 6－9 梯形 $ABCD$ 中，$AB=DC\Leftrightarrow\angle ABC=\angle DCB$，此时 $ABCD$ 为等腰梯形.

梯形中位线：连接梯形两腰中点的线段 MN 叫作梯形的中位线，它到上底和下底距离相等且 $MN=\frac{1}{2}(a+b)$.

6.2 立体几何

一、长方体、正方体

正方体、长方体知识点如表 6.2 所示.

表 6.2 正方体、长方体的相关计算

知识点	正方体	长方体
图像		
表面积	$6a^2$	$2(ab+bc+ac)$
体积	a^3	abc
体对角线	$\sqrt{3}a$	$\sqrt{a^2+b^2+c^2}$

【例题 1】(1) 一个长方体的长、宽、高分别是 3,2,1，则长方体的体对角线等于________.

(2) 将两个边长为 1 的正方体拼成一个长方体，则长方体的体对角线为________.

【答案】(1) $\sqrt{14}$；(2) $\sqrt{6}$

【解析】(1) 由长方体体对角线公式 $\sqrt{a^2+b^2+c^2}$ 得，体对角线 $=\sqrt{1^2+2^2+3^2}=\sqrt{14}$.

(2) 两个正方体拼成一个长方体，长方体的边长分别为 1,1,2，所以体对角线 $=\sqrt{1^2+1^2+2^2}=\sqrt{6}$.

【例题 2】如图 6－10 所示，正方体 $ABCD-A'B'C'D'$ 的棱长为 2，F 是棱 $C'D'$ 的中点，则 AF 的长为________.

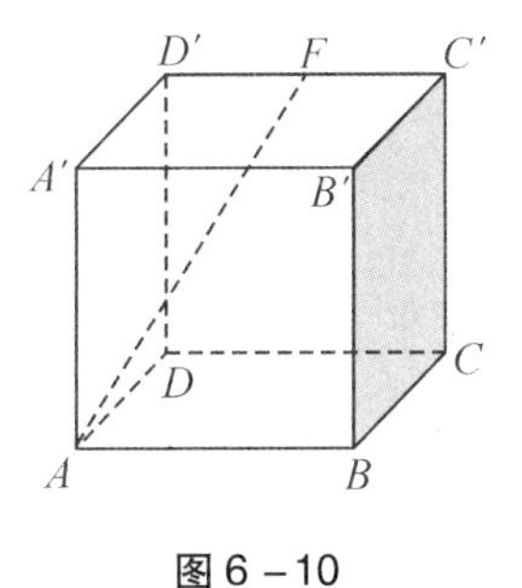

图 6－10

【答案】3

【解析】如图 6－11 所示，AF 可看作长宽高分别为 1，2，2 的长方体体对角线，则根据体对角线公式可知，$AF=\sqrt{1^2+2^2+2^2}=\sqrt{9}=3$.

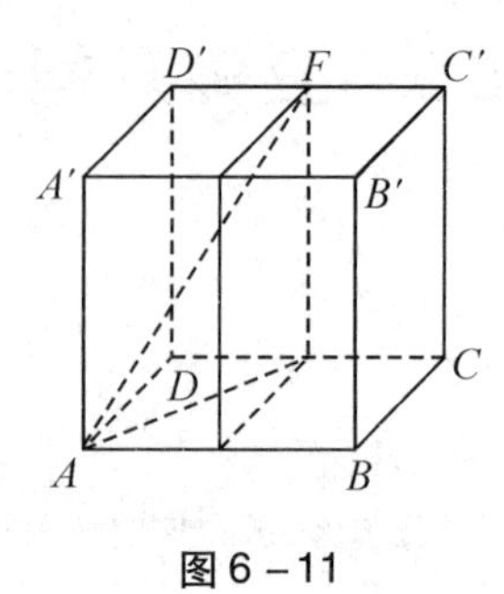

图 6－11

二、圆柱体

如图 6－12 所示，设圆柱体高为 h，底面半径为 r，则有：

上/下底面积：$S_{底}=\pi r^2$；

体积：$V=\pi r^2 h$；

侧面积：$S_{侧}=2\pi rh$；

全表面积：$S_{底}=2\pi r^2+2\pi rh$.

三、球体

如图 6－13 所示，设球的半径是 R，则有：

球的体积 $V=\frac{4}{3}\pi R^3$；

球的表面积 $S=4\pi R^2$.

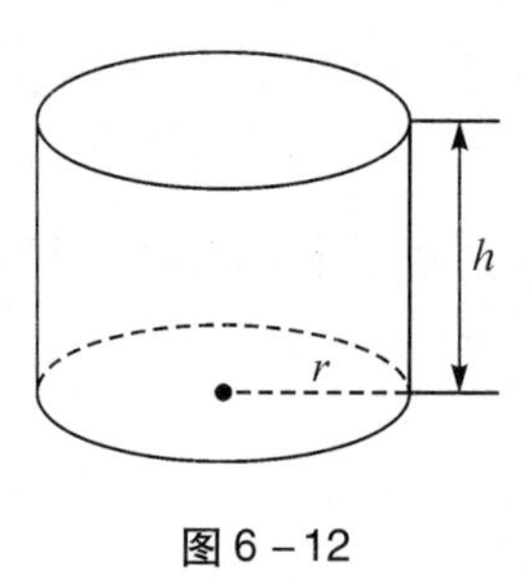

图 6－12

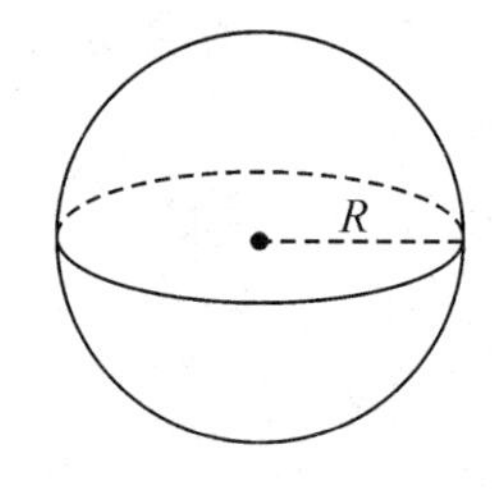

图 6－13

四、正方体的内切球与外接球半径

(1) 如图 6－14 所示，正方体内切球的直径等于正方体的棱长. 若正方体的棱长为 a，则内切球的半径为 $r=\frac{a}{2}$，体积等于$\frac{\pi a^3}{6}$，表面积等于 πa^2.

(2)如图 6-15 所示,正方体外接球的直径是体对角线. 若正方体的棱长为 a,则体对角线长为$\sqrt{3}a$,正方体外接球的半径为 $R=\frac{\sqrt{3}a}{2}$,外接球的体积等于$\frac{\sqrt{3}\pi a^3}{2}$,表面积等于 $3\pi a^2$.

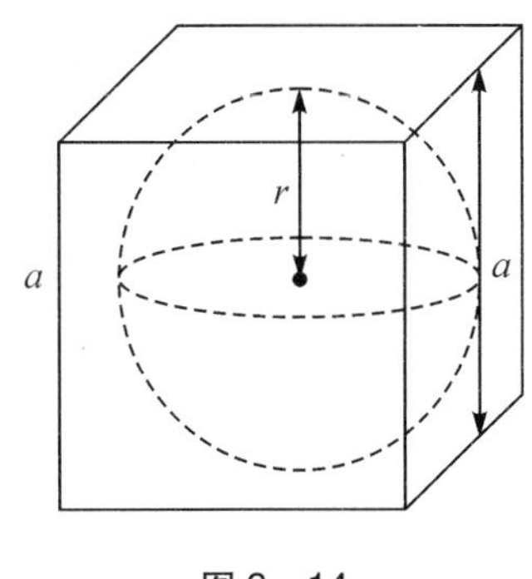

图 6-14

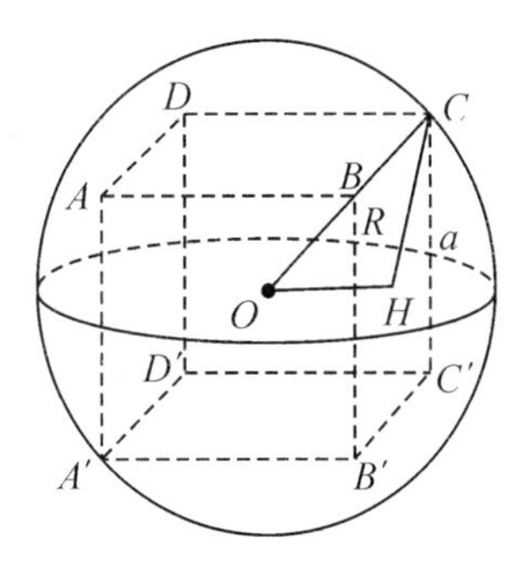

图 6-15

【例题 3】设正方体的边长为 a,其内切球的半径为 r,其外接球的半径为 R.

(1)若正方体的边长为 2,则它的内切球半径和外接球半径分别为________.

(2)正方体的内切球与其外接球的体积之比为________.

(3)已知正方体外接球的体积是$\frac{32}{3}\pi$,那么外接球的半径等于________,正方体的边长等于________.

【答案】(1)$r=1,R=\sqrt{3}$;(2)$\frac{\sqrt{3}}{9}$;(3)$2,\frac{4\sqrt{3}}{3}$

【解析】(1)正方体的边长为 2,则内切球半径为 $r=\frac{1}{2}a=1$,外接球半径为 $R=\frac{\sqrt{3}}{2}a=\sqrt{3}$.

(2)设正方体边长为 a,内切球半径为 r,外接球半径为 R.

则$\frac{r}{R}=\frac{\frac{1}{2}a}{\frac{\sqrt{3}}{2}a}=\frac{1}{\sqrt{3}}$,所以$\frac{V_{内}}{V_{外}}=\left(\frac{r}{R}\right)^3=\frac{1}{3\sqrt{3}}=\frac{\sqrt{3}}{9}$.

(3)设正方体边长为 a,外接球半径为 R.

正方体外接球的体积是$\frac{32}{3}\pi$,即$\frac{4}{3}\pi R^3=\frac{32}{3}\pi$,$R^3=\frac{32}{3}\times\frac{3}{4}=8$,解得 $R=2$.

由于外接球半径 $R=\frac{\sqrt{3}}{2}a$,所以 $a=\frac{2}{\sqrt{3}}R=\frac{4}{\sqrt{3}}=\frac{4\sqrt{3}}{3}$.

五、常见截面模型

如图 6-16(1)所示,过正方体不在同一个面的三个顶点,切得截面为等边三角形.

如图 6-16(2)(3)所示,过正方体不在同一个面的两条棱,切得截面为矩形.

如图 6－16(4)所示，过正方体一条体对角线的两个顶点，和两条棱的中点，切得截面为菱形.

如图 6－16(5)所示，过正方体 6 条棱的中点，切得截面为正六边形.

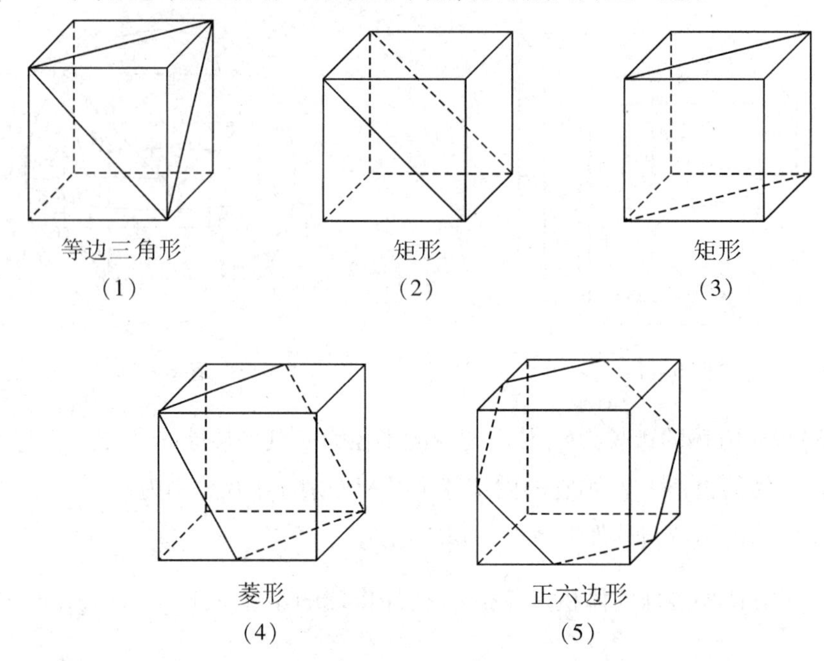

图 6－16

【例题 4】如图 6－17 所示，正方体的棱长为 1，AB 与 BC 确定一截面 $\triangle ABC$，$\triangle ABC$ 的面积为(　　).

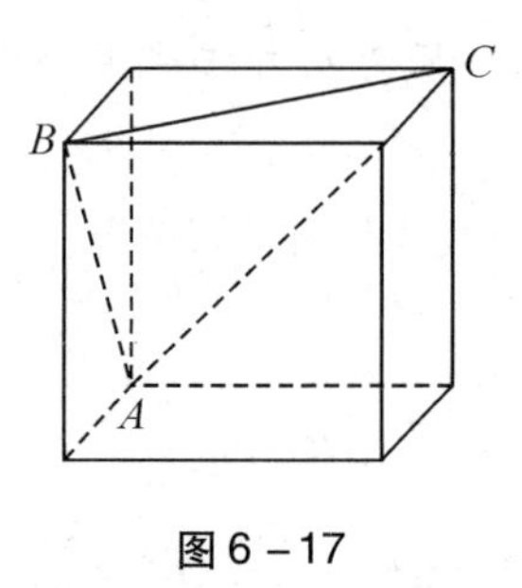

图 6－17

A. $\frac{\sqrt{3}}{2}$　　B. $\frac{\sqrt{5}}{2}$　　C. 1　　D. $\sqrt{2}$　　E. $\sqrt{3}$

【答案】A

【解析】由图可知截面是边长为$\sqrt{2}$的等边三角形，由等边三角形面积公式 $S=\frac{\sqrt{3}}{4}a^2$ 可知，截面积 $S=\frac{\sqrt{3}}{4}a^2=\frac{\sqrt{3}}{4}\times(\sqrt{2})^2=\frac{\sqrt{3}}{2}$.

6.3 解析几何

6.3.1 直线方程

一、直线基础知识

1. 倾斜角

一条直线向上的方向与 x 轴正方向所成的最小正角叫作这条直线的倾斜角. 规定当直线水平(与 x 轴平行或重合)时倾斜角为 $0°$,故直线倾斜角的范围是 $0°\leqslant\alpha<180°(0\leqslant\alpha<\pi)$.

2. 斜率

斜率表示直线的倾斜程度,通常用字母 k 来表示.

3. 倾斜角 α 与斜率 k 的关系

$$k\begin{cases}=0,\alpha=0\\>0,0°<\alpha<90°\\\text{不存在},\alpha=90°\\<0,90°<\alpha<180°\end{cases}$$

当 $0°\leqslant\alpha<90°$时,斜率 $k>0$ 且随着 α 的增大而增大;当 $90°<\alpha<180°$时,斜率 $k<0$ 且随着 α 的增大而增大.

4. 斜率的计算

已知平面坐标系内两点 $A(x_1,y_1)$ 和 $B(x_2,y_2)$,则直线 l 的斜率 $k=\dfrac{y_2-y_1}{x_2-x_1}(x_1\neq x_2)$.

5. 截距

直线 l 与 y 轴交点的纵坐标即为它在 y 轴的截距,即在直线方程中代入 $x=0$,可得 y 轴截距;直线 l 与 x 轴交点的横坐标即为它在 x 轴的截距,即在直线方程中代入 $y=0$,可得 x 轴截距.

【例题 1】(1)已知直线$l_1:y=2x+1$,倾斜角为α_1;直线$l_2:y=3x-2$,倾斜角为α_2,则 α_1 ________ α_2.

(2)已知直线$l_1:y=-3x-2$,倾斜角为α_1;直线$l_2:y=-4x+2$,倾斜角为α_2,则 α_1 ________ α_2.

(3)已知直线$l_1:y=7x+2$,倾斜角为α_1;直线$l_2:y=-3x+2$,倾斜角为α_2,则 α_1 ________ α_2.

(4)已知直线l_1,l_2,l_3 的斜率为k_1,k_2,k_3,如图 6-18 所示,则(　　).

A. $k_1<k_2<k_3$　　B. $k_3<k_1<k_2$　　C. $k_3<k_2<k_1$　　D. $k_1<k_3<k_2$

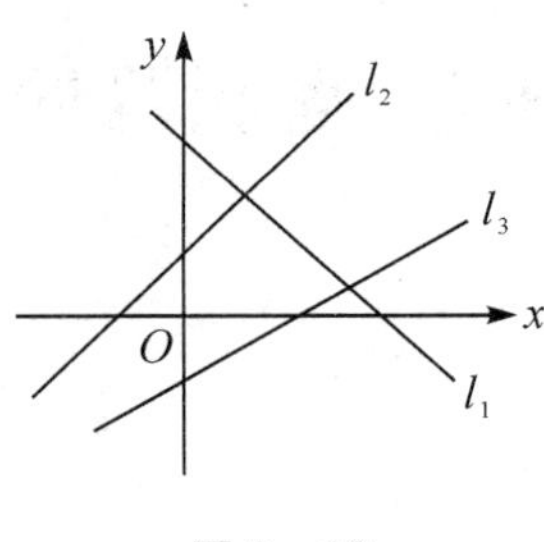

图 6－18

【答案】(1)$\alpha_1<\alpha_2$;(2)$\alpha_1>\alpha_2$;(3)$\alpha_1<\alpha_2$;(4)D

【解析】(1)两直线斜率均为正值,可知倾斜角是$0°\sim90°$,斜率越大,倾斜角越大,则$\alpha_1<\alpha_2$.

(2)两直线斜率均为负值,可知倾斜角是$90°\sim180°$,斜率越大,倾斜角越大,因为$k_1>k_2$,则$\alpha_1>\alpha_2$.

(3)直线l_1的斜率为正值,倾斜角是$0°\sim90°$;直线l_2的斜率为负值,倾斜角是$90°\sim180°$,所以$\alpha_1<\alpha_2$.

(4)从图形观察可得:

l_1的倾斜角大于$90°$,所以斜率是负数,即$k_1<0$.

l_2和l_3的倾斜角在$0°\sim90°$,且l_2的倾斜角比l_3的倾斜角大,所以$0<k_3<k_2$.

所以$k_1<k_3<k_2$,选D.

二、直线方程

1. 常见直线

直线的五种形式如表6.3所示.

表 6.3　直线的五种表达式形式

名称	已知条件	直线方程	注意
斜截式	斜率k,y轴上截距b	$y=kx+b$	当k不存在,即直线与y轴平行时,直线可表示为$x=x_0$
点斜式	斜率k,点$P(x_0,y_0)$	$y-y_0=k(x-x_0)$	
两点式	两点$P_1(x_1,y_1)$,$P_2(x_2,y_2)$	$\frac{y-y_1}{y_2-y_1}=\frac{x-x_1}{x_2-x_1}$	$y_2\neq y_1$,$x_2\neq x_1$
截距式	x轴上的截距为a,y轴上的截距为b	$\frac{x}{a}+\frac{y}{b}=1$	适用于不平行于坐标轴的直线且直线不过原点
一般式	A,B,C的值	$Ax+By+C=0$	A,B不同时为0,斜率$k=-\frac{A}{B}(B\neq0)$

2. 特殊的直线

平行于x轴的直线:$y=b$;当与x轴重合时,$b=0$,$y=0$.

平行于 y 轴的直线：$x=a$；当与 y 轴重合时，$a=0$，$x=0$.

两直线平行，斜率相等，即$l_1 /\!/ l_2 \Leftrightarrow k_1=k_2$ 且$b_1 \neq b_2$.

两直线垂直，斜率的乘积等于 -1，即$l_1 \perp l_2 \Leftrightarrow k_1 \cdot k_2=-1$.

【例题2】求下列直线的方程，并把它化成一般式.

(1)直线l_1：过点$(2,1)$，$k=-1$.

(2)直线l_2：过点$(-2,1)$和点$(3,-3)$.

(3)直线l_3：斜率为 -3，在 y 轴上的截距为 5.

【解析】(1)直线l_1 过点$(2,1)$，$k=-1$，代入点斜式得 $y-1=-(x-2)$，整理得l_1 的方程为 $x+y-3=0$.

(2)直线l_2 过两点$(-2,1)$和$(3,-3)$，代入两点式得$\dfrac{y-1}{-3-1}=\dfrac{x+2}{3+2}$，整理得$l_2$ 的方程为 $4x+5y+3=0$.

(3)由题可知 $k=-3$，$b=5$，代入斜截式得 $y=-3x+5$，整理得l_3 的方程为 $3x+y-5=0$.

【例题3】已知直线方程求斜率、截距.

(1)已知直线方程为 $4x-2y+1=0$，那么直线的斜率是________，在 x 轴上的截距是________，在 y 轴上的截距是________.

(2)已知直线在 x 轴和 y 轴上的截距均为0，则直线方程一定过________.

(3)直线 $5x-2y-10=0$ 在 y 轴上的截距为 a，在 x 轴上的截距为 b，则 $a=$________，$b=$________.

【答案】(1)2，$-\dfrac{1}{4}$，$\dfrac{1}{2}$；(2)原点；(3)$a=-5$，$b=2$

【解析】(1)由直线方程 $4x-2y+1=0$ 可得：$2y=4x+1$，即 $y=2x+\dfrac{1}{2}$，所以直线的斜率是2，在 y 轴上的截距是$\dfrac{1}{2}$，当 $y=0$ 时，$2x+\dfrac{1}{2}=0$，即 $x=-\dfrac{1}{4}$，所以在 x 轴上的截距是 $-\dfrac{1}{4}$.

(2)直线在 x 轴和 y 轴上的截距均为0，直线方程一定过原点.

(3)当 $x=0$，$2y+10=0$，即 $y=-5$，所以直线在 y 轴上的截距是 -5，即 $a=-5$.

当 $y=0$，$5x-10=0$，即 $x=2$，所以直线在 x 轴上的截距是2，即 $b=2$.

6.3.2 直线相关公式

1. 两点间距离公式和中点坐标公式

已知两点坐标为$P_1(x_1,y_1)$和$P_2(x_2,y_2)$，则：

(1)两点间距离公式：$|P_1P_2|=\sqrt{(x_2-x_1)^2+(y_2-y_1)^2}$.

(2)中点坐标公式：$M\left(\dfrac{x_1+x_2}{2},\dfrac{y_1+y_2}{2}\right)$.

2. 点到直线的距离公式

设点 $P(x_0,y_0)$，直线 $l:Ax+By+C=0$，点 P 到直线 l 的距离为 d，则有

$$d=\frac{|Ax_0+By_0+C|}{\sqrt{A^2+B^2}}$$

【例题4】(1)求 $A(6,0)$，$B(-2,0)$ 两点间的距离.

(2)求 $C(-2,4)$，$D(0,-7)$ 两点的中点坐标.

(3)求原点到直线 $\sqrt{3}x-3y+2\sqrt{3}=0$ 的距离.

【解析】(1) $|AB|=\sqrt{[6-(-2)]^2+(0-0)^2}=8$ 或 $|AB|=|6-(-2)|=8$.

(2)线段 CD 的中点坐标为 $\left(\frac{-2+0}{2},\frac{4-7}{2}\right)$，即 $\left(-1,-\frac{3}{2}\right)$.

(3)将 $x_0=0$，$y_0=0$ 代入公式得 $d=\frac{|\sqrt{3}\times 0-3\times 0+2\sqrt{3}|}{\sqrt{(\sqrt{3})^2+(-3)^2}}=\frac{|2\sqrt{3}|}{\sqrt{12}}=\frac{2\sqrt{3}}{2\sqrt{3}}=1$.

3. 两条平行线间的距离公式

设两条平行直线 $l_1:Ax+By+C_1=0$，$l_2:Ax+By+C_2=0(C_1\neq C_2)$，它们之间的距离为 d，则有 $d=\frac{|C_1-C_2|}{\sqrt{A^2+B^2}}$.

两直线相互平行，$k_1=k_2$ 或系数 $A_1B_2-A_2B_1=0$.

两直线相互垂直，$k_1\cdot k_2=-1$ 或系数 $A_1A_2+B_1B_2=0$.

【例题5】(1)过点 $(-1,3)$ 且平行于直线 $x-2y+3=0$ 的直线方程是________.

(2)若直线 $l_1:(m+2)x+3my+1=0$ 和 $l_2:(m-2)x+(m+2)y-3=0$ 相互垂直，则 $m=$ ________.

【解析】(1)两直线相互平行，斜率相等，所以所求直线斜率为 $\frac{1}{2}$，由点斜式可得，直线方程为 $y-3=\frac{1}{2}[x-(-1)]$，整理得 $x-2y+7=0$.

(2)思路一：

当斜率存在时，若两直线垂直，则 $k_1\cdot k_2=-1$，即 $\left(-\frac{m+2}{3m}\right)\cdot\left(-\frac{m-2}{m+2}\right)=-1$，$\frac{m+2}{3m}\cdot\frac{m-2}{m+2}=\frac{m-2}{3m}=-1$，得 $m=\frac{1}{2}$.

当直线 l_1 斜率为0(垂直于 y 轴)，直线 l_2 斜率不存在(垂直 x 轴)时，$m+2=0$，即 $m=-2$.

综上所述，当 $m=\frac{1}{2}$ 或 $m=-2$ 时，两直线相互垂直.

思路二：

由两条直线垂直系数关系 $A_1A_2+B_1B_2=0$ 得 $(m+2)(m-2)+3m(m+2)=0$.

整理得 $2m^2+3m-2=0$，十字相乘分解得 $(2m-1)(m+2)=0$.

解得 $m=\frac{1}{2}$ 或 $m=-2$.

注释:两直线相互垂直推荐使用系数关系,能直接解出答案;

用斜率乘积等于 -1 需要分情况讨论,而且容易忽略斜率不存在的情况.

【例题 6】直线$l_1:(2+a)x+5y=1$ 与直线$l_2:ax+(2+a)y=2$ 垂直,求 a 的值.

【解析】若两直线垂直,则有$(2+a)a+5(2+a)=0$,化简为$a^2+7a+10=0$,解得 $a=-5$ 或 $a=-2$.

6.3.3 圆

一、圆的方程

1. 圆的定义

平面内到一定点的距离等于定长的点的轨迹即为圆,定点是圆心,定长为半径.

2. 圆的标准方程

以点 $C(a,b)$ 为圆心,r 为半径的圆的标准方程是$(x-a)^2+(y-b)^2=r^2(r>0)$. 若圆心在坐标原点,半径为 r 的圆的方程是 $x^2+y^2=r^2$.

3. 圆的一般方程

(1)圆的一般方程为 $x^2+y^2+Dx+Ey+F=0$,其中,D,E,F 为常数.

当$D^2+E^2-4F>0$,方程表示一个圆,圆心为$\left(-\frac{D}{2},-\frac{E}{2}\right)$,半径 $r=\frac{\sqrt{D^2+E^2-4F}}{2}$.

当$D^2+E^2-4F=0$,方程表示一个点$\left(-\frac{D}{2},-\frac{E}{2}\right)$.

当$D^2+E^2-4F<0$,方程无图形.

(2)用配方法将圆的一般方程化为标准方程.

已知方程 $x^2+y^2+Dx+Ey+F=0$ 是圆的一般方程,将原方程配方整理得

$$x^2+Dx+\left(\frac{D}{2}\right)^2+y^2+Ey+\left(\frac{E}{2}\right)^2-\left(\frac{D}{2}\right)^2-\left(\frac{E}{2}\right)^2+F=0$$

$$\left(x+\frac{D}{2}\right)^2+\left(y+\frac{E}{2}\right)^2-\frac{D^2+E^2-4F}{4}=0$$

将常数项移至方程右边得圆的标准方程:$\left(x+\frac{D}{2}\right)^2+\left(y+\frac{E}{2}\right)^2=\frac{D^2+E^2-4F}{4}$.

【例题 7】(1)已知圆的方程是$(x-3)^2+(y-4)^2=25$,则圆心为________,半径为________.

(2)若圆的半径为 $\sqrt{20}$,圆心为$(1,3)$,则圆的标准方程为________.

(3)圆方程 $x^2+y^2-2x+4y+1=0$ 的圆心为________.

【解析】(1)由圆的标准方程可得圆心为$(3,4)$,半径为 $\sqrt{25}=5$.

(2)由圆心坐标和半径可得圆的标准方程为$(x-1)^2+(y-3)^2=20$.

(3)根据圆的一般式方程得圆心为$\left(-\frac{D}{2},-\frac{E}{2}\right)$,即圆心为$(1,-2)$.

【例题8】将下列圆的一般方程化成圆的标准方程.

(1)$x^2+y^2+4x+2y+1=0$.

(2)$x^2+y^2+2x-3=0$.

【解析】(1)对 $x^2+y^2+4x+2y+1=0$ 进行配方得 $\left(x+\frac{4}{2}\right)^2-\left(\frac{4}{2}\right)^2+\left(y+\frac{2}{2}\right)^2-\left(\frac{2}{2}\right)^2+1=0$,整理可得:$(x+2)^2+(y+1)^2=4$.

(2)对 $x^2+y^2+2x-3=0$ 进行配方得 $\left(x+\frac{2}{2}\right)^2-\left(\frac{2}{2}\right)^2+y^2-3=0$,整理可得:$(x+1)^2+y^2=4$.

二、点和圆的位置关系

已知定点 $M(x_0,y_0)$ 及圆 $C:(x-a)^2+(y-b)^2=r^2$.

若点 M 在圆 C 内:$(x_0-a)^2+(y_0-b)^2<r^2$.

若点 M 在圆 C 上:$(x_0-a)^2+(y_0-b)^2=r^2$.

若点 M 在圆 C 外:$(x_0-a)^2+(y_0-b)^2>r^2$.

【例题9】已知圆的标准方程为 $(x-2)^2+(y-3)^2=16$,试判断以下三点 $A(1,1)$,$B(-1,-1)$,$C(2,-1)$ 与圆的位置关系.

【解析】将点 $A(1,1)$ 代入圆的标准方程得 $(1-2)^2+(1-3)^2=5<16$,所以点 A 在圆内;将点 $B(-1,-1)$ 代入圆的标准方程得 $(-1-2)^2+(-1-3)^2=25>16$,所以点 B 在圆外;将点 $C(2,-1)$ 代入圆的标准方程得 $(2-2)^2+(-1-3)^2=16$,所以点 C 在圆上.

【例题10】圆 $x^2+y^2-6x+4y=0$ 上到原点距离最远的点是(   ).

A. $(-3,2)$　　B. $(3,-2)$　　C. $(6,4)$　　D. $(-6,4)$　　E. $(6,-4)$

【答案】E

【解析】将圆方程化为标准式得 $(x-3)^2+(y+2)^2=13$,得圆心 $(3,-2)$,半径为 $\sqrt{13}$,由于一般式中无常数项,故圆过 $(0,0)$ 点. 可知圆心与原点的连线与圆相交于2点,分别是距离最远和最近的点,且圆心 $(3,-2)$ 为最远点 (x_0,y_0) 和原点 $(0,0)$ 的中点,故有 $\frac{x_0+0}{2}=3$,$x_0=6$;$\frac{y_0+0}{2}=-2$,$y_0=-4$.

三、直线和圆的位置关系

1. 几何方法:圆心到直线的距离判断

设圆 $C:(x-a)^2+(y-b)^2=r^2$;直线 $l:Ax+By+C=0(A^2+B^2\neq0)$;则圆心 $C(a,b)$ 到直线 l 的距离 $d=\frac{|Aa+Bb+C|}{\sqrt{A^2+B^2}}$.

如图 6－19(1)所示，$d=r$：直线 l 与圆 C 相切；

如图 6－19(2)所示，$d<r$：直线与圆相交；

如图 6－19(3)所示，$d>r$：直线与圆相离.

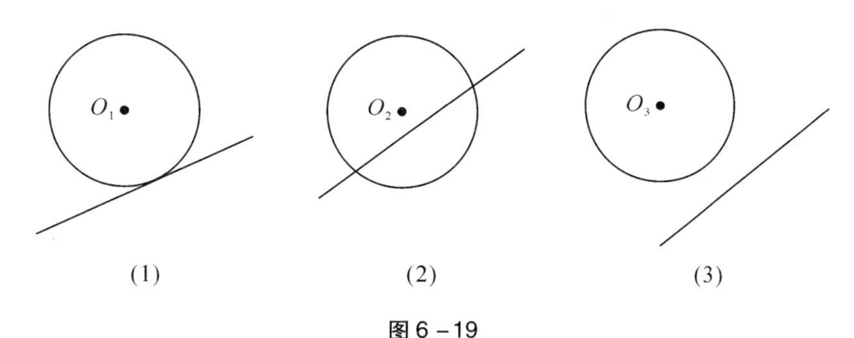

图 6－19

2. 代数方法：联立方程判断

将直线方程代入圆的方程，得关于 x(或 y)的一元二次方程，其判别式为 Δ，则：

$\Delta=0$：直线与圆只有一个交点，直线 l 与圆 C 相切；

$\Delta>0$：直线与圆有两个交点，直线 l 与圆 C 相交；

$\Delta<0$：直线与圆没有交点，直线 l 与圆 C 相离.

【例题 11】已知圆 O 的半径为 10cm，如果一条直线和圆心 O 的距离为 10cm，那么这条直线和这个圆的位置关系为(　　).

A. 相离　　　　B. 相交　　　　C. 相切

D. 相交或相离　　　　E. 无法推断

【答案】C

【解析】圆心到直线的距离 $d=10\text{cm}$，圆的半径 $r=10\text{cm}$，$d=r$，所以这条直线与圆 O 相切.

【例题 12】已知直线 l 的方程为 $y=x+1$，直线 l 与圆 $x^2+y^2=2$ 的位置关系是(　　).

A. 相离　　　　B. 相交　　　　C. 相切

D. 相切或相离　　　　E. 以上都有可能

【答案】B

【解析】将直线 l 的方程 $y=x+1$ 代入圆的方程得 $x^2+(x+1)^2=2$，变形为一元二次方程 $2x^2+2x-1=0$，$\Delta=2^2-4\times2\times(-1)=12>0$，所以直线 l 与圆相交.

四、两圆位置关系

设圆 C_1：$(x-a_1)^2+(y-b_1)^2=r_1^2(r_1>0)$，圆 C_2：$(x-a_2)^2+(y-b_2)^2=r_2^2(r_2>0)$，两圆的圆心距为 d，d 用两点间距离公式来求，即两圆心 $O_1(a_1,b_1)$ 和 $O_2(a_2,b_2)$ 之间的距离就是圆心距，$d=\sqrt{(a_2-a_1)^2+(b_2-b_1)^2}$，则：

如图 6－20(1)所示，$d>r_1+r_2$：两圆外离；

如图 6－20(2)所示，$d=r_1+r_2$：两圆外切；

如图 6－20(3)所示，$|r_1-r_2|<d<r_1+r_2$：两圆相交；

如图 6－20(4)所示，$d=|r_1-r_2|(r_1\neq r_2)$：两圆内切；

如图 6－20(5)所示，$0\leqslant d<|r_1-r_2|(r_1\neq r_2)$：两圆内含.

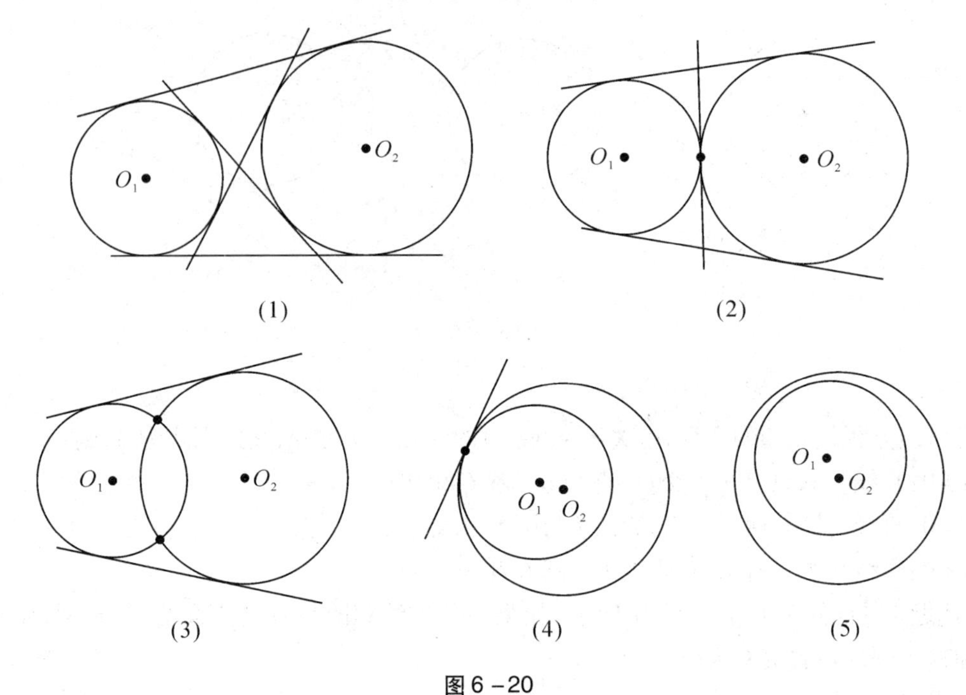

图 6－20

【例题 13】已知两圆的半径分别为 R 和 $r(R>r)$，圆心距为 d，若关于 x 的方程 $x^2-2rx+(R-d)^2=0$ 有两个相等的实数根，那么两圆的位置关系为（　　）.

A. 外切　　B. 内切　　C. 外离

D. 相交　　E. 外切或内切

【答案】E

【解析】要判断两圆的位置关系，即需要找出 d,R,r 三者的数量关系. 根据题意得，$\Delta=(2r)^2-4(R-d)^2=4r^2-4(R-d)^2=0$，即 $(r+R-d)(r-R+d)=0$，所以 $d=R+r$ 或 $d=R-r$，所以答案选 E.

习题演练

（题目前标有“★”为选做题目，其他为必做题目.）

1. 三条长度分别为 a,b,c 的线段能构成一个三角形，则 a,b,c 的关系为（　　）.

A. $a+b=c$　　B. $a+b<c$　　C. $a+c>b$

D. $b-c>a$　　E. $a-c=b$

★2. 如图 6-21 所示，$\triangle ABC$ 中，$AB=AC$，两腰上的中线相交于点 G，若 $\angle BGC=90°$，且 $BC=2\sqrt{2}$，则 BE 的长为多少（　　）.

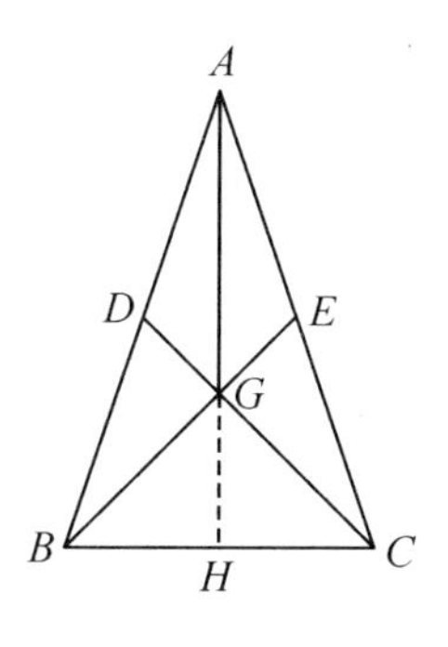

图 6-21

A. 2　　B. $2\sqrt{2}$　　C. 1　　D. 3　　E. 4

3. 如图 6-22 所示，已知 $AE=3AB$，$BF\perp AE$，C 是 BF 的中点，$\triangle AEF$ 的面积为 6，则 $\triangle ABC$ 的面积为（　　）.

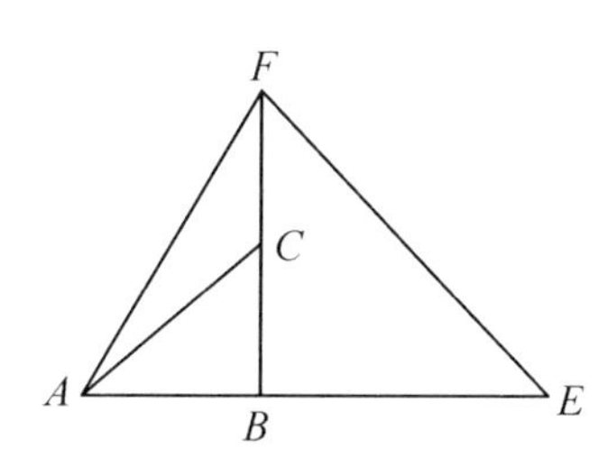

图 6-22

A. 1　　B. 2　　C. $\frac{1}{2}$　　D. $\frac{3}{2}$　　E. 3

4. 在钝角三角形中，$\angle ABC=30°$，$AB=4$，$BC=3$，$\triangle ABC$ 的面积等于（　　）.

A. 3　　B. 6　　C. 2　　D. 7　　E. 12

5. 在直角三角形中，若斜边与一直角边的和为 8，差为 2，则另一直角边的长度是（　　）.

A. 3　　B. 4　　C. 5　　D. 10　　E. 9

6. 已知$\triangle ABC$是直角三角形，$\angle ACB=90°$，D是斜边AB的中点，线段CD与AB的比值为（　　）.

A. $\frac{1}{3}$　　B. $\frac{2}{3}$　　C. $\frac{1}{2}$　　D. $\frac{3}{2}$　　E. $\frac{1}{4}$

★7. 等边三角形的外接圆的半径等于边长的多少倍（　　）.

A. $\frac{2}{3}$　　B. 2　　C. $\frac{3\sqrt{3}}{2}$　　D. $\frac{\sqrt{3}}{3}$　　E. $\frac{2\sqrt{3}}{3}$

8. 如图6-23所示，圆O是$\triangle ABC$的内切圆，若三角形ABC的面积与周长的大小之比为1:2，则圆O的半径为（　　）.

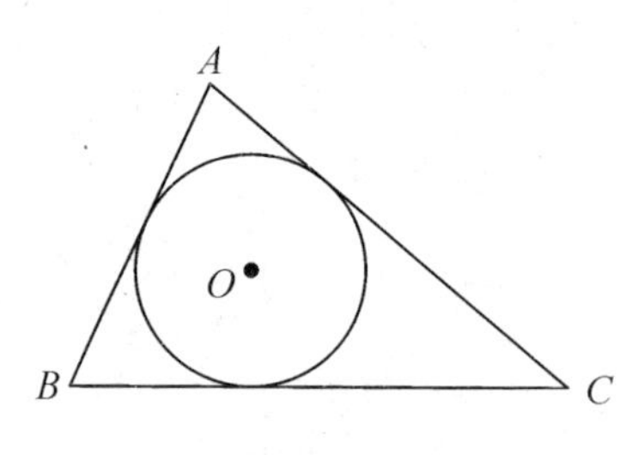

图6-23

A. 3　　B. 4　　C. 1　　D. 2　　E. 5

★9. 如图6-24所示，在菱形$ABCD$中，$AB=2$，$\angle B=60°$，E，F分别为BC，CD的中点，则$\triangle AEF$的周长等于（　　）.

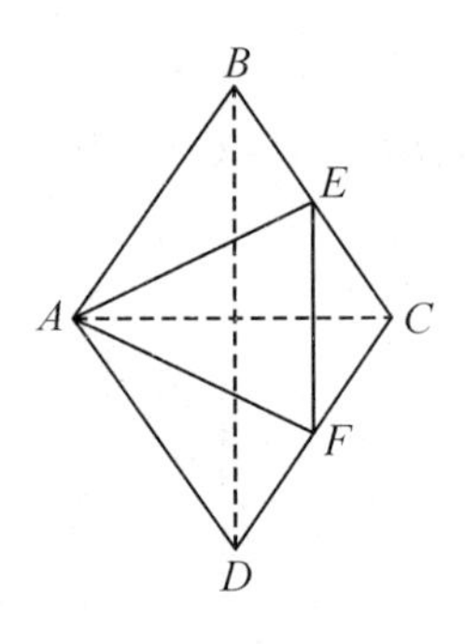

图6-24

A. 2　　B. $2\sqrt{2}$　　C. 3　　D. $3\sqrt{3}$　　E. $\sqrt{5}$

10. 正方体的棱长扩大为原来的2倍，它的体积就扩大为原来的（　　）.

A. 2倍　　B. 4倍　　C. 3倍　　D. 8倍　　E. 6倍

11. 一个圆柱体的高减小到原来的70%，底面半径增大到原来的130%，则它的体积（　　）.

A. 不变　　B. 增大到原来的121%

C. 增大到原来的130%　　D. 增大到原来的118.3%

E. 减小到原来的91%

12. 将体积为 4π 和 32π 的两个实心金属球融化后铸成一个实心大球,求大球的表面积为(　　).

A. 32π　　B. 36π　　C. 38π　　D. 40π　　E. 42π

13. (1)已知 $A(3,6)$,$B(1,-2)$,求直线 AB 的斜率.

(2)已知 $M(4,4)$,$N(4,5)$,求直线 MN 的斜率.

14. 写出下列直线的斜截式方程.

(1)斜率是2,在 y 轴上的截距为 -2.

(2)过点$(2,-1)$和$(-2,3)$,在 y 轴上的截距是1.

15. 写出下列直线的点斜式方程.

(1)过点$(3,2)$,斜率为 -1.

★(2)过点$(-1,4)$,斜率为$\sqrt{3}$.

16. 求下列两点间距离.

(1)$C(0,-4)$和$D(0,7)$.

(2)已知点 $A(a,4)$与 $B(0,10)$间的距离是10,求 a 的值.

17. 求下列线段的中点坐标.

(1)$A(4,0)$,$B(-2,0)$.

★(2)$P(3,-1)$,$Q(-6,3)$.

18. 求下列点到直线的距离.

(1)$A(1,0)$,l:$3x+4y-12=0$.

(2)$A(1,2)$,l:$x+2y=6$.

19. (1)经过点$(2,3)$,且与直线 $2x+y-5=0$ 垂直的直线方程为________.

(2)若直线 $x+ay+2=0$ 和 $2x+3y+1=0$ 相互垂直,则 $a=$________.

(3)已知l_1:$x+(1+m)y=2-m$,l_2:$2mx+4y=-16$,当 $m=$________时两直线平行.

20. (1)已知圆的方程是$(x-1)^2+(y+2)^2=16$,则圆心为________,半径为________.

(2)圆方程 $x^2+y^2-2x+4y=0$ 的圆心为________.

21. 将下列圆的一般方程化成圆的标准方程.

(1)$x^2+y^2-6x+4y=0$.

★(2)$x^2+y^2-6y+6=0$.

22. 若圆 O 半径为5,点 O 的坐标为$(3,4)$,点 P 的坐标为$(5,8)$,则点 P 的位置为(　　).

A. 在圆内　　B. 在圆上　　C. 在圆外

D. 在圆内或圆外　　E. 不确定

★23. 在$\triangle ABC$ 中,$\angle C=90°$,$AC=BC=4$ cm,D 是 AB 边的中点,以 C 为圆心,4 cm 长为半径作圆,则 A,B,C,D 四点中在圆内的有(　　).

A. 1个　　B. 2个　　C. 3个　　D. 4个　　E. 0个

参考答案

1.【答案】C

【解析】三角形的任意两边之和大于第三边，所以 C 对，A，B 错；三角形的任意两边之差小于第三边，所以 D，E 错.

2.【答案】D

【解析】$AB=AC$，$\triangle ABC$ 是等腰三角形，且 G 为 $\triangle ABC$ 的重心，所以 $BE=CD$，$BG=CG$；又因为 $\angle BGC=90°$，根据勾股定理得 $BG^2+CG^2=BC^2$，解得 $BG=2$，根据中线定理得 $BG=\frac{2}{3}BE$，解得 $BE=3$.

3.【答案】A

【解析】$AE=3AB$，即 $AB=\frac{AE}{3}$；C 是 BF 的中点，即 $BC=\frac{BF}{2}$.

$S_{\triangle AEF}=\frac{1}{2}\cdot BF\cdot AE=6$，即 $BF\cdot AE=12$.

所以 $S_{\triangle ABC}=\frac{1}{2}\cdot BC\cdot AB=\frac{1}{2}\cdot\frac{BF}{2}\cdot\frac{AE}{3}=\frac{12}{12}=1$.

4.【答案】A

【解析】如图 6－25 所示，延长 BC 到 D 点，过点 A 作 BD 的垂线 AD 与直线 BD 相交于点 D，$\angle ABC=30°$，$AB=4$，所以垂线段 $AD=2$，即 $S_{\triangle ABC}=\frac{1}{2}BC\cdot AD=\frac{1}{2}\times3\times2=3$.

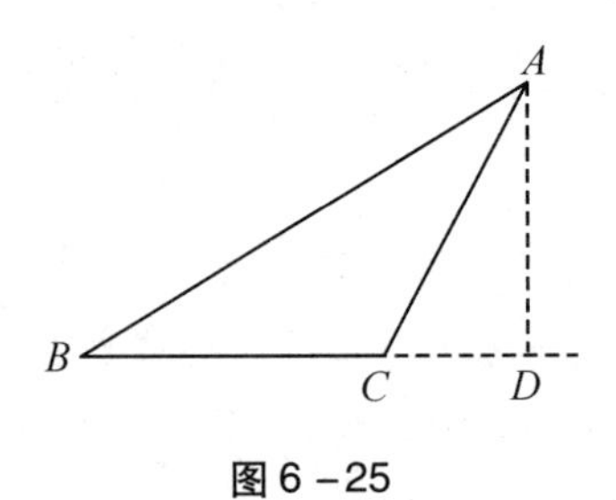

图 6－25

5.【答案】B

【解析】设斜边为 c，一条直角边为 a，所求另一直角边为 b，依题意有 $\begin{cases}a+c=8\\c-a=2\end{cases}\Rightarrow\begin{cases}c=5\\a=3\end{cases}\Rightarrow$ $b=\sqrt{5^2-3^2}=4$.

【技巧】可以用常用的勾股数进行尝试. 常用勾股数有 3，4，5 和 6，8，10 和 5，12，13 等，取 3，4，5 时正好满足题目.

6.【答案】C

【解析】因为 $\triangle ABC$ 是直角三角形，且 D 是斜边 AB 的中点，所以 $\frac{CD}{AB}=\frac{1}{2}$.

7.【答案】D

【解析】如图 6－26 所示，$\triangle ABC$ 是圆 O 的内接正三角形，因为 $\angle OBD=\frac{1}{2}\angle ABD=30^{\circ}$，所以 $OD=\frac{1}{2}OB$；由勾股定理可得 $BD=\sqrt{OB^{2}-OD^{2}}=\sqrt{OB^{2}-\left(\frac{OB}{2}\right)^{2}}=\frac{\sqrt{3}}{2}OB$，则 $BC=2BD=\sqrt{3}OB$，$\frac{OB}{BC}=\frac{1}{\sqrt{3}}=\frac{\sqrt{3}}{3}$，即半径等于边长的$\frac{\sqrt{3}}{3}$倍.

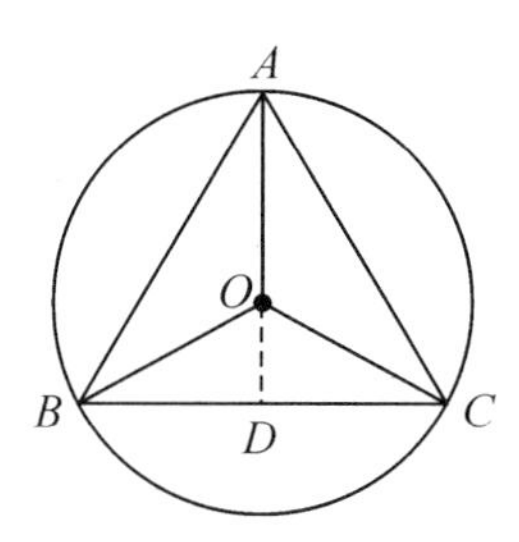

图 6－26

8.【答案】C

【解析】设$\triangle ABC$ 的三边长分别是 a,b,c，面积为 S.

由 $S=\frac{r}{2}(a+b+c)$ 可得（r 为三角形内切圆半径），圆 O 的半径为

$$\frac{2S}{a+b+c}=2\times\frac{1}{2}=1$$

9.【答案】D

【解析】在菱形 $ABCD$ 中，$AB=BC=CD=AD$，又 $\angle B=60^{\circ}$，所以$\triangle ABC$ 和$\triangle ACD$ 是两个全等的等边三角形，则 $AE=AF$，又因 E,F 是 BC,CD 的中点，所以 $AE=\sqrt{2^{2}-1}=\sqrt{3}$，且 $\angle EAC=\angle FAC=30^{\circ}$，即$\triangle AEF$ 是等边三角形，所以$\triangle AEF$ 的周长 $=3AE=3\sqrt{3}$.

10.【答案】D

【解析】设正方体的边长为 a，正方体的体积等于a^{3}，若棱长变为 $2a$，则体积等于$8a^{3}$，所以体积扩大为原来的 8 倍.

11.【答案】D

【解析】圆柱的体积 $V=\pi r^{2}h$，$V'=\pi(1.3r)^{2}\cdot 0.7h=1.3^{2}\cdot 0.7\cdot V=1.183V$，体积为原来的 1.183 倍.

12.【答案】B

【解析】设大球的半径是 R，将两球熔铸成一个新的球，总体积不变，即有$V_{1}+V_{2}=V=4\pi+32\pi=36\pi=\frac{4}{3}\pi R^{3}\Rightarrow R=3$，故大球的表面积 $S=4\pi R^{2}=4\pi\times 9=36\pi$.

13.【解析】(1) 根据两点斜率公式可得$k_{AB}=\frac{6-(-2)}{3-1}=\frac{8}{2}=4$.

(2) 直线 MN 的方程为 $x=4$，与 x 轴垂直，倾斜角为 90°，直线斜率不存在.

14.【解析】(1)由点斜式直线方程 $y=kx+b$(k 为斜率,b 为在 y 轴上的截距)可得 $y=2x-2$.

(2)由两点坐标可得 $k=\frac{(-1)-3}{2-(-2)}=\frac{-4}{4}=-1$,所以直线方程为 $y=-x+1$.

15.【解析】由点斜式直线方程 $y-y_0=k(x-x_0)$ 可得如下答案:

(1)$y-2=-(x-3)$.

(2)$y-4=\sqrt{3}(x+1)$.

16.【解析】两点间距离公式为 $|P_1P_2|=\sqrt{(x_2-x_1)^2+(y_2-y_1)^2}$.

(1)$|CD|=\sqrt{(0-0)^2+(-4-7)^2}=11$ 或 $|CD|=|7-(-4)|=11$

(2)$|AB|=\sqrt{(a-0)^2+(4-10)^2}=\sqrt{a^2+6^2}=10$

由勾股数“6,8,10”可得 $a^2=8^2$,所以 $a=\pm 8$.

或两边同时平方得 $a^2+36=100$,$a^2=100-36=64$,即 $a=\pm 8$.

17.【解析】线段中点坐标公式为 $\left(\frac{x_1+x_2}{2},\frac{y_1+y_2}{2}\right)$.

(1)线段 AB 的中点坐标为 $\left(\frac{4-2}{2},\frac{0+0}{2}\right)$,即 $(1,0)$.

(2)线段 PQ 的中点坐标为 $\left(\frac{3-6}{2},\frac{-1+3}{2}\right)$,即 $\left(-\frac{3}{2},1\right)$.

18.【解析】点到直线的距离公式为 $d=\frac{|Ax_0+By_0+C|}{\sqrt{A^2+B^2}}$.

(1)将 $x=1,y=0$ 代入公式得 $d=\frac{|3\times 1+4\times 0-12|}{\sqrt{3^2+4^2}}=\frac{|-9|}{\sqrt{25}}=\frac{9}{5}$.

(2)将直线方程化为一般式:$x+2y-6=0$.

将 $x=1,y=2$ 代入公式得 $d=\frac{|1+2\times 2-6|}{\sqrt{1^2+2^2}}=\frac{|-1|}{\sqrt{5}}=\frac{\sqrt{5}}{5}$.

19.【解析】(1)直线 $2x+y-5=0$ 的斜率为 $k_1=-2$.

由两条直线垂直斜率关系 $k_1\cdot k_2=-1$ 得,所求直线 $k_2=\frac{1}{2}$.

由点斜式得 $y-3=\frac{1}{2}(x-2)$,即 $x-2y+4=0$.

(2)直线 $2x+3y+1=0$ 的斜率为 $k_1=-\frac{2}{3}$.

由两条直线垂直斜率关系 $k_1\cdot k_2=-1$ 得直线 $k_2=\frac{3}{2}$.

直线 $x+ay+2=0$ 的斜率为 $k_2=-\frac{1}{a}$.

所以 $-\frac{1}{a}=\frac{3}{2}$ 得 $a=-\frac{2}{3}$.

(3)两直线相互平行,斜率相等,即 $-\frac{1}{1+m}=-\frac{2m}{4}$.

整理可得$m^2+m-2=0$,十字相乘分解得$(m-1)(m+2)=0$.

解得 $m=1$ 或 $m=-2$.

20.【解析】(1)由圆的标准方程可得圆心为$(1,-2)$,半径为 $\sqrt{16}=4$.

(2)根据圆的一般式方程得圆心为$\left(-\frac{D}{2},-\frac{E}{2}\right)$,即圆心为$(1,-2)$.

21.【解析】(1)对 $x^2+y^2-6x+4y=0$ 进行配方得$\left(x-\frac{6}{2}\right)^2-\left(\frac{6}{2}\right)^2+\left(y+\frac{4}{2}\right)^2-\left(\frac{4}{2}\right)^2=0$.

整理可得$(x-3)^2+(y+2)^2=13$.

(2)对 $x^2+y^2-6y+6=0$ 进行配方得 $x^2+\left(y-\frac{6}{2}\right)^2-\left(\frac{6}{2}\right)^2+6=0$.

整理可得 $x^2+(y-3)^2=3$.

22.【答案】A

【解析】$OP=\sqrt{(5-3)^2+(8-4)^2}=\sqrt{2^2+4^2}=\sqrt{20}<5$,所以点 P 在圆内.

23.【答案】B

【解析】如图 6-27 所示,连结 CD. 因为 D 为 AB 的中点,所以 $CD=\frac{1}{2}AB$.

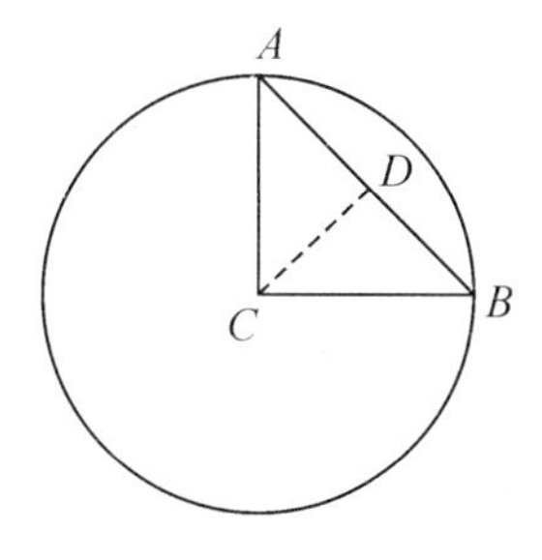

图6-27

即 $AB=\sqrt{AC^2+BC^2}=4\sqrt{2}$,$CD=2\sqrt{2}<4$.

因为 $AC=BC=4$,所以点 C 和点 D 在以 C 为圆心,4 cm 为半径的圆的内部.

第7章 排列数与组合数

7.1 排列数的定义与计算公式

排列的定义：从 n 个不同元素中，任取 $m(m\leqslant n, m$ 与 n 均为自然数，下同）个不同的元素按照一定的顺序排成一列，叫作从 n 个不同元素中取出 m 个元素的一个排列；从 n 个不同元素中取出 $m(m\leqslant n)$ 个元素的所有排列的个数，叫作从 n 个不同元素中取出 m 个元素的排列数，用符号 A_n^m 表示.

计算公式：

$$A_n^m = \underbrace{n(n-1)(n-2)\cdots(n-m+1)}_{m\text{个因子}}$$

【举例】$A_3^3 = 3\times2\times1$；$A_5^3 = 5\times4\times3$.

7.2 组合数的定义与计算公式

组合的定义：从 n 个不同元素中，任取 $m(m\leqslant n)$ 个元素并成一组，叫作从 n 个不同元素中取出 m 个元素的一个组合；从 n 个不同元素中取出 $m(m\leqslant n)$ 个元素的所有组合的个数，叫作从 n 个不同元素中取出 m 个元素的组合数，用符号 C_n^m 表示.

计算公式：

$$C_n^m = \frac{n\cdot(n-1)\cdots(n-m+1)}{m\cdot(m-1)\cdots1} = \frac{\text{从 } n \text{ 开始从大往小，数 } m \text{ 个数连乘}}{\text{从 1 开始从小往大，数 } m \text{ 个数连乘}}$$

【举例】$C_4^2 = \frac{4\times3}{1\times2} = 6$；$C_6^4 = \frac{6\times5\times4\times3}{1\times2\times3\times4} = 15$.

应用：$C_n^m = C_n^{n-m}(m\leqslant n)$.

【举例】$C_6^4 = C_6^2$；$C_7^4 = C_7^3$.

习题演练

（题目前标有“★”为选做题目，其他为必做题目.）

求下列各式的值.

①A_6^4　②A_5^5　★③A_5^3　④C_6^2　★⑤C_6^4

⑥C_8^0　⑦C_7^7　⑧$\frac{C_6^2C_4^2C_2^2}{A_3^3}$　★⑨$\frac{C_5^3C_2^1\ C_1^1}{A_2^2}$　★⑩$\frac{A_7^3}{3!}$

参考答案

【答案】①360；②120；③60；④15；⑤15；⑥1；⑦1；⑧15；⑨10；⑩35

【解析】①$A_6^4=6\times5\times4\times3=360$.

②$A_5^5=5\times4\times3\times2\times1=120$.

③$A_5^3=5\times4\times3=60$.

④$C_6^2=\frac{6\times5}{1\times2}=15$.

⑤$C_6^4=C_6^2=\frac{6\times5}{1\times2}=15$.

⑥$C_8^0=C_8^8=1$.

⑦$C_7^7=C_7^0=1$.

⑧$\frac{C_6^2C_4^2C_2^2}{A_3^3}=\frac{\frac{6\times5}{1\times2}\times\frac{4\times3}{1\times2}\times1}{3\times2\times1}=\frac{15\times6}{6}=15$.

⑨$\frac{C_5^3C_2^1\,C_1^1}{A_2^2}=\frac{\frac{5\times4\times3}{1\times2\times3}\times2\times1}{2\times1}=\frac{10\times2}{2}=10$.

⑩$\frac{A_7^3}{3!}=\frac{7\times6\times5}{1\times2\times3}=35$.

第8章 数据描述

8.1 平均值

一般地，对于 n 个数 $x_1, x_2, x_3, \cdots, x_n$，我们把$\frac{1}{n}(x_1+x_2+x_3+\cdots+x_n)$叫作这 n 个数的算术平均数，简称平均数，记作 $\bar{x}$. 计算公式为 $\bar{x}=\frac{1}{n}(x_1+x_2+x_3+\cdots+x_n)$.

平均数表示一组数据的“平均水平”，反映了一组数据的集中趋势.

【例题】在 1 到 100 之间，能被 9 整除的整数有 9，18，27，36，45，54，63，72，81，90，99，求能被 9 整除的整数的平均值.

【解析】由平均值公式可得 $\bar{x}=\frac{9+18+27+36+45+54+63+72+81+90+99}{11}=\frac{9\times(1+2+\cdots+11)}{11}=\frac{9\times\frac{(1+11)\times 11}{2}}{11}=54$.

8.2 方差与标准差

一、方差

在一组数据 $x_1, x_2, x_3, \cdots, x_n$ 中，各数据与它们的平均数 $\bar{x}$ 的差的平方的平均值称为这组数据的方差，通常用s^2 表示.

$s^2=\frac{1}{n}[(x_1-\bar{x})^2+(x_2-\bar{x})^2+\cdots+(x_n-\bar{x})^2]$.

或$s^2=\frac{1}{n}(x_1^2+x_2^2+\cdots+x_n^2)-(\bar{x})^2$.

方差的特征：

(1)方差反映的是一组数据偏离平均值的情况. 方差越大，数据的波动越大；方差越小，数据的波动越小.

(2)一组数据的每一个数都加上(或减去)同一个常数，所得的一组新数据的方差不变.

(3)一组数据的每一个数据都变为原来的 k 倍,则所得的一组新数据的方差变为原来的 k^2 倍.

二、标准差

方差的算术平方根称为这组数据的标准差,通常用 s 表示,即

$$s=\sqrt{\frac{1}{n}[(x_1-\bar{x})^2+(x_2-\bar{x})^2+\cdots+(x_n-\bar{x})^2]}$$

与方差的作用相同,标准差也是用来描述一组数据离散程度的特征数.

注意: 方差、标准差的取值范围是 $[0,+\infty)$,方差、标准差为0时,样本各数据全相等,表明数据没有波动幅度.

【例题】 10名同学的语文和数学成绩如表8.1所示.

表8.1　10名同学的语文、数学成绩统计表

语文成绩(分)	90	92	94	88	86	95	87	89	91	93
数学成绩(分)	94	88	96	93	90	85	84	80	82	98

设语文和数学成绩的均值分别为 E_1 和 E_2,标准差分别为 σ_1 和 σ_2. 试比较 E_1 和 E_2 的大小关系,σ_1 和 σ_2 的大小关系.

【解析】 观察到数据在90分左右波动,故以90作为基准量进行计算,以减少运算量.

$$E_1=\frac{90\times10+0+2+4-2-4+5-3-1+1+3}{10}=\frac{905}{10}=90.5$$

$$E_2=\frac{90\times10+4-2+6+3+0-5-6-10-8+8}{10}=\frac{890}{10}=89$$

$$\begin{aligned}\sigma_1^2=&\frac{1}{10}[(90-90.5)^2+(92-90.5)^2+(94-90.5)^2+(88-90.5)^2\\&+(86-90.5)^2+(95-90.5)^2+(87-90.5)^2+(89-90.5)^2\\&+(91-90.5)^2+(93-90.5)^2]\\=&\frac{1}{10}(0.5^2+1.5^2+3.5^2+2.5^2+4.5^2+4.5^2+3.5^2+1.5^2+0.5^2+2.5^2)\\=&8.25\end{aligned}$$

$$\begin{aligned}\sigma_2^2=&\frac{1}{10}[(94-89)^2+(88-89)^2+(96-89)^2+(93-89)^2+(90-89)^2\\&+(85-89)^2+(84-89)^2+(80-89)^2+(82-89)^2+(98-89)^2]\\=&\frac{1}{10}(5^2+1^2+7^2+4^2+1^2+4^2+5^2+9^2+7^2+9^2)\\=&34.4\end{aligned}$$

故 $E_1>E_2$,$\sigma_1<\sigma_2$.

8.3　数据的图表表示

8.3.1　条形统计图

条形图用高矮来显示数值的大小，根据数量的多少画出高矮不同，宽度一致的矩形.

条形图的特征：能够显示每组中的具体数据.

【**举例**】某地区连续三年玉米、小麦产量统计图，如图 8 - 1 所示.

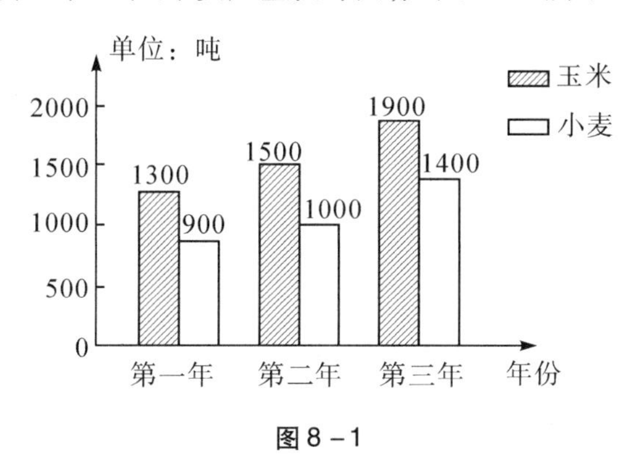

图 8 - 1

从图 8 - 1 中可以看出，带阴影的矩形框代表玉米产量，空白矩形框代表小麦产量，条形图的高矮显示数值的大小，上面的数字代表具体数值. 所以第一年的玉米产量为 1300 吨，小麦产量为 900 吨，总产量为 $1300 + 900 = 2200$ 吨；第二年的玉米产量为 1500 吨，小麦产量为 1000 吨，总产量为 $1500 + 1000 = 2500$ 吨；第三年的玉米产量为 1900 吨，小麦产量为1400 吨，总产量为 $1900 + 1400 = 3300$ 吨.

根据图 8 - 1 填写的数据如表 8. 2 所示.

表 8. 2　某地区连续三年玉米、小麦产量统计表

项目	年份		
	第一年	第二年	第三年
合计	2200	2500	3300
玉米	1300	1500	1900
小麦	900	1000	1400

8.3.2 频率分布直方图

(1)频数:变量中代表某种特征的数出现的次数称为这个小组的频数.

(2)频率:频数与总数的比为频率,简记为频率 $=\frac{\text{频数}}{\text{总数}}$. 所有的频率之和为1.

例如,在10次掷硬币中,有4次正面朝上,我们说这10次试验中,"正面朝上"的频数是4,频率为 $\frac{4}{10}=0.4$.

(3)组数:全体样本分成的组的个数称为组数.

(4)组距:把全体样本分成若干个小组,每个小组的两个端点之间的距离称为组距.

(5)极差:在一组数据中最大数值与最小数值的差,称为极差,简记为极差 = 最大值 - 最小值.

例如,统计了某班50名同学的数学考试成绩,其中最低分为50,最高分为100,极差 $=100-50=50$,可以按组距为10,将50个数据分为5组,即 $[50,60)$,$[60,70)$,$[70,80)$,$[80,90)$,$[90,100]$.

(6)频率分布直方图:用来显示数据分布情况.

在直角坐标系中,用横轴表示随机变量的取值,横轴上的每个小区间对应一个组的组距,作为小矩形的底边;纵轴表示频率与组距的比值,并用它作小矩形的高,以这种小矩形构成的一组图称为频率直方图.

频率分布直方图是以小矩形的面积来反映数据落在各个小组内的频率的多少,公式简记为小矩形的面积 = 底 × 高 = 组距 $\times\frac{\text{频率}}{\text{组距}}$ = 频率.

【例题1】某公司随机抽取部分员工调查其上班路上所需时间(单位:分钟),并将所得数据绘制成频率分布直方图(如图8-2所示),其中上班路上所需时间的范围是 $[0,100]$,样本数据分组为 $[0,20)$,$[20,40)$,$[40,60)$,$[60,80)$,$[80,100]$.

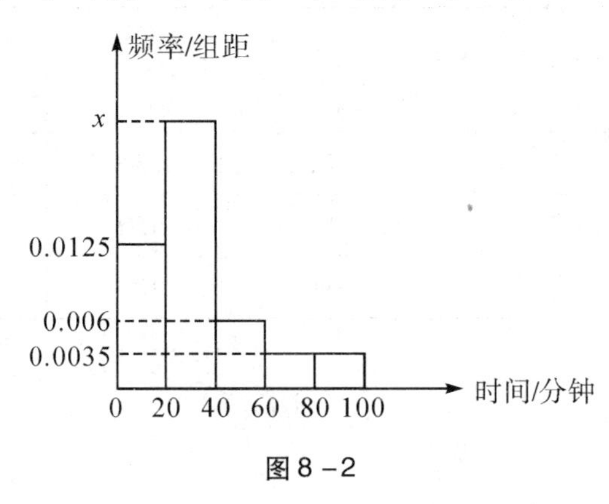

图8-2

(1)求直方图中 x 的值;

(2)如果上班路上所需时间不少于40分钟的员工可申请员工宿舍,请估计1000名员工

中有多少名员工可以申请员工宿舍.

【解析】(1)由图 8－2 可知,组距为 20,各组的纵坐标分别为 0.0125,x,0.006,0.0035,0.0035,由频率之和等于 1 可得$(x+0.0125+0.006+0.0035\times2)\times20=1$,解得 $x=0.0245$.

(2)上班所需时间不少于 40 的员工的频率为$(0.006+0.0035\times2)\times20=0.26$,估计公司 1000 名员工中有 $1000\times0.26=260$(人)可申请员工宿舍.

【例题 2】某果农选取一片山地种植砂糖橘,收获时该果农随机选取果树 20 株作为样本测量它们每一株的果实产量(单位:kg),获得的所有数据按照区间(40,45],(45,50],(50,55],(55,60]进行分组,得到频率分布直方图如图 8－3 所示. 已知样本中产量在区间(45,50]上的果树株数是产量在区间(50,60]上的果树株数的$\frac{4}{3}$倍.

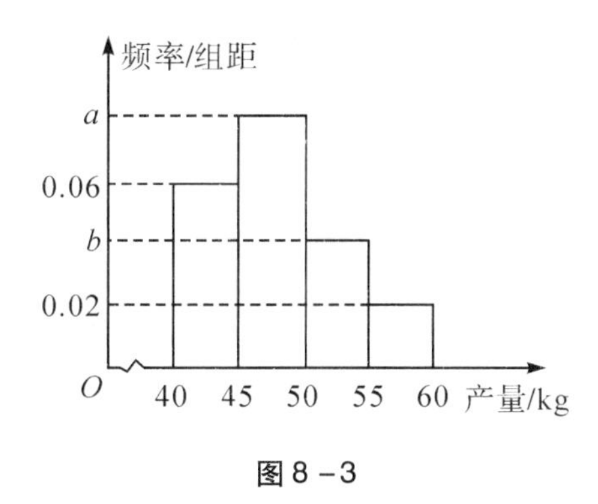

图 8－3

(1)求 a,b 的值;

(2)求样本中产量分别在区间(40,45],(45,50],(50,55],(55,60]上的果树数量.

【解析】(1)由题可知,样本总数为 20,组距为 5.

样本中产量在区间(45,50]上的果树频率为 $a\times5$,频率 $=\frac{频数}{总数}$,则频数 $=a\times5\times20=100a$(株).

样本中产量在区间(50,60]上的果树频率为$(b+0.02)\times5$,则频数 $=(b+0.02)\times5\times20=100(b+0.02)$(株).

由题可得 $100a=\frac{4}{3}\times100(b+0.02)$,即 $a=\frac{4}{3}(b+0.02)$　①.

由频率之和为 1,可知$(0.02+b+0.06+a)\times5=1$　②.

联立①②,解得 $a=0.08$,$b=0.04$.

(2)样本中产量在区间(40,45]上的果树有 $0.06\times5\times20=6$(株);

样本中产量在区间(45,50]上的果树有 $0.08\times5\times20=8$(株);

样本中产量在区间(50,55]上的果树有 $0.04\times5\times20=4$(株);

样本中产量在区间(55,60]上的果树有 $0.02\times5\times20=2$(株).

8.3.3 扇形图(饼图)

扇形图用整个圆代表总体,每一个扇形代表总体中的一部分,通过扇形的大小来表示各个部分占总体的百分比.

扇形的圆心角度数 $\alpha = 360° \times \frac{\text{相应部分面积}}{\text{总体的面积}}$. 圆心角越大,扇形在圆中占的百分比就越大.

扇形图的特征:能够显示部分在总体中所占的百分比.

【例题 3】某校新购入图书数统计结果如图 8 - 4 所示.

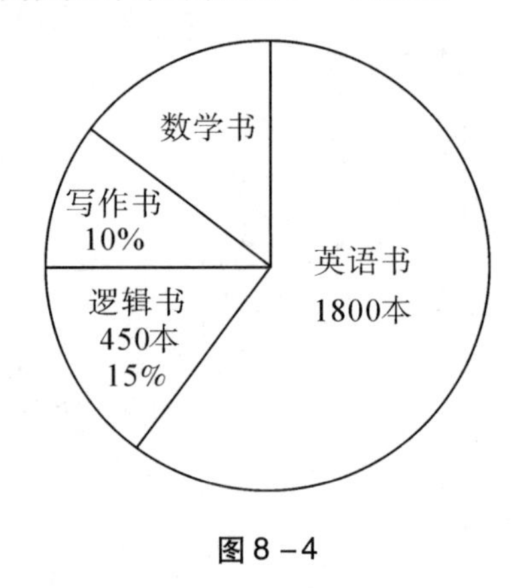

图 8 - 4

(1)共购入图书(　　)本.

(2)英语书占新购入图书总数的(　　)%.

(3)写作书有(　　)本.

(4)数学书有(　　)本,占新购入图书总数的(　　)%.

【答案】(1)3000;(2)60;(3)300;(4)450,15

【解析】(1)逻辑书有 450 本,占总数的 15%,故总共购入图书数为$\frac{450}{15\%} = 3000$(本).

(2)英语书有 1800 本,购入图书总数是 3000,所以英语书占图书总数的$\frac{1800}{3000} = 60\%$.

(3)购入图书总数是 3000,由扇形图可得,写作书占总数的 10%,所以写作书的数量为 $3000 \times 10\% = 300$(本).

(4)思路一:逻辑书有 450 本、英语书有 1800 本、写作书有 300 本,数学书有 $3000 - (450 + 1800 + 300) = 450$(本),占总数的$\frac{450}{3000} = 15\%$.

思路二:逻辑书占总体的 15%、英语书占总体的 60%、写作书占总体的 10%,数学书占总体的 $1 - (15\% + 60\% + 10\%) = 15\%$,数学书有 $3000 \times 15\% = 450$(本).

8.3.4 数表

【例题4】某次网球比赛的四强对阵为甲对乙，丙对丁，两场比赛的胜者将争夺冠军，选手之间互相获胜的概率如表8.3所示.

表8.3 四强选手获胜概率统计表

	甲	乙	丙	丁
甲获胜概率		0.3	0.3	0.8
乙获胜概率	0.7		0.6	0.3
丙获胜概率	0.7	0.4		0.5
丁获胜概率	0.2	0.7	0.5	

求甲获得冠军的概率.

【解析】由表8.3中数据可得甲乙比赛甲获胜的概率为0.3；丙丁比赛，丙获胜的概率为0.5，丁获胜的概率也为0.5；甲丁比赛甲获胜的概率为0.8；甲丙比赛甲获胜的概率为0.3.

甲获得冠军有两种可能：①四强赛甲胜乙、丙胜丁，决赛甲胜丙，即$P_1=0.3\times0.5\times0.3$.②四强赛甲胜乙、丁胜丙，决赛甲胜丁，即$P_2=0.3\times0.5\times0.8$.

故总概率$P=①+②=P_1+P_2=0.3\times0.5\times0.3+0.3\times0.5\times0.8=0.045+0.12=0.165$.

【例题5】甲、乙、丙三个地区的公务员参加一次测评，其人数和考分情况如表8.4所示.

表8.4 甲、乙、丙地区公务员参评人数和考分统计表

地区	分数			
	6	7	8	9
甲	10	10	10	10
乙	15	15	10	20
丙	10	10	15	15

求三个地区按平均分由高到低的排名顺序.

【解析】由表8.4中数据可得甲地区分数为6的有10人、分数为7的有10人、分数为8的有10人、分数为9的有10人，乙丙地区同理. 根据平均分数定义计算得：

甲地区平均分：$\frac{6\times10+7\times10+8\times10+9\times10}{40}=7.5$.

乙地区平均分：$\frac{6\times15+7\times15+8\times10+9\times20}{60}\approx7.6$.

丙地区平均分：$\frac{6\times10+7\times10+8\times15+9\times15}{50}=7.7$.

因为$7.7>7.6>7.5$，所以按平均分由高到低的排名顺序为丙、乙、甲.

习题演练

(题目前标有"★"为选做题目,其他为必做题目.)

1. 小红上学期共参加数学竞赛测试5次,前两次的平均分数是93分,后三次的平均分数是88分,小红这5次测试的平均分数是多少?

★2. 甲、乙、丙三个数的平均数是150,甲数是48,乙数与丙数相同,求乙数.

★3. 甲乙丙三人在银行存款,丙的存款是甲乙两人存款的平均数的1.5倍,甲乙两人存款的和是2400元,甲乙丙三人平均每人存款多少元?

4. 数据8,10,9,11,12的方差是( ).

A. $\sqrt{2}$　　B. 2　　C. 10　　D. 20　　E. 50

5. 若一组数据$x_1,x_2,\cdots,x_n$的方差是2,则另一组数据$3x_1,3x_2,\cdots,3x_n$的方差是( ).

A. 2　　B. 18　　C. 12　　D. 6　　E. 4

6. 某中学人数相等的甲、乙两班学生参加了同一次数学测验,班级平均分和方差分别为$\bar{x}_{甲}=82$分,$\bar{x}_{乙}=82$分,$S^2_{甲}=245$,$S^2_{乙}=190$,那么成绩较为整齐的是( ).

A. 甲班　　B. 乙班　　C. 两班一样整齐　　D. 无法确定

★7. 已知一组同学练习射击,中靶的环数分别为72,80,92,97,99,100,计算它们的标准差.

8. 某农户承包的柑橘园,近5年的种植面积如图8-5所示.

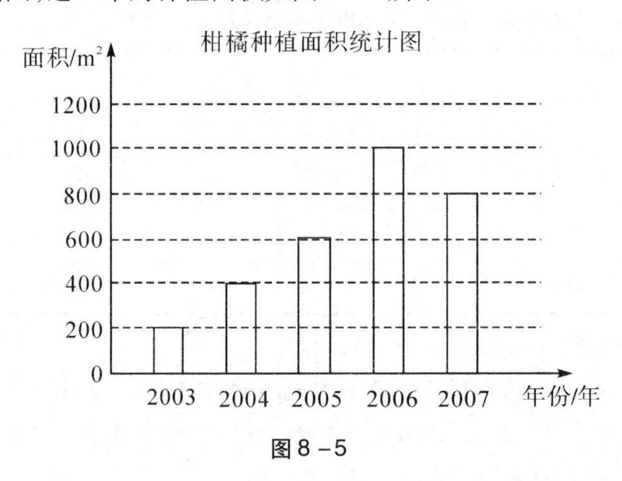

图8-5

观察统计图,回答下面的问题.

(1)2007年的种植面积是2003年的________倍,是2004年的________倍.

(2)如果4m²的产值大约是200元,2005年该农户承包的这个柑橘园年收益为________元,2007年预计年收益________元.

9. 为检测某工厂产品的质量,随机选取n件产品作为样本测量它们的质量,获得的所有数据按照区间(60,70],(70,80],(80,90],(90,100]进行分组,其中(70,80]区间内有30件产品,在(80,90]区间有40件产品,得到如下频率分布直方图(见图8-6).

(1)求样本总量n;

(2)求 x 的取值和区间(90,100]内产品的件数.

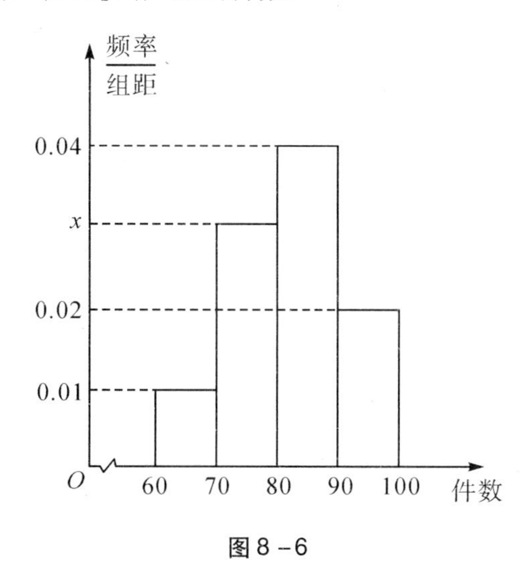

图 8－6

10. 中华小学六年级有 250 名同学,参加课外兴趣小组分布情况如图 8－7 所示.

(1)参加体育兴趣小组的同学比参加音乐小组的同学多多少人?

(2)参加其他兴趣小组的有多少人?

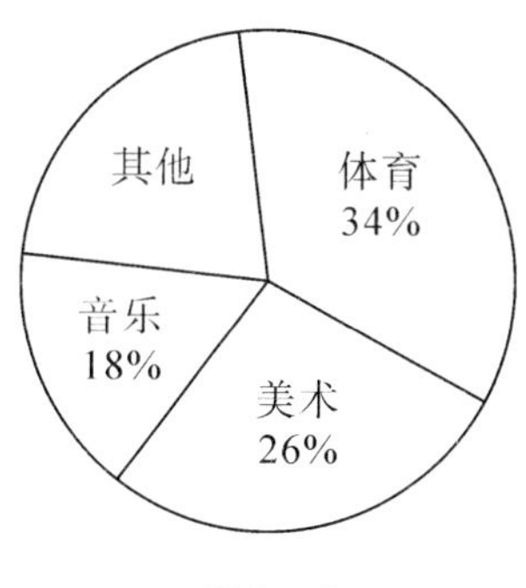

图 8－7

11. 根据表 8.5 中数据,把统计表填写完整,并回答问题.

表 8.5　光明机床厂 2008 年 6 月各车间人数统计表

人数 / 性别 / 组别	合计	男	女
总计			
一车间		40	30
二车间	56	35	
三车间	78		40
四车间		78	18

(1)光明机床厂一车间共(　　)人,四车间共(　　)人.

(2)光明机床厂男工共(　　)人,女工共(　　)人,四个车间一共(　　).

(3)(　　)车间男工人数最多,(　　)车间女工人数最少.

参考答案

1.【答案】90

【解析】设小红 5 次测试的成绩分别是 a,b,c,d,e，则有$\frac{a+b}{2}=93$，$a+b=186$，$\frac{c+d+e}{3}=88$，$c+d+e=264$，则 5 次的平均成绩 $=\frac{a+b+c+d+e}{5}=\frac{186+264}{5}=90$.

2.【答案】201

【解析】设乙数 $=x$，乙 = 丙 $=x$，则$\frac{甲+乙+丙}{3}=\frac{48+2x}{3}=150$，解得 $x=201$.

3.【答案】1400

【解析】设甲乙丙三人的存款分别为 a,b,c，则有 $a+b=2400$，$c=1.5\times\frac{a+b}{2}=1.5\times\frac{2400}{2}=1800$，甲乙丙三人平均每人存款 $=\frac{a+b+c}{3}=\frac{2400+1800}{3}=1400$.

4.【答案】B

【解析】$\bar{x}=\frac{1}{n}(x_1+x_2+x_3+\cdots+x_n)=\frac{1}{5}(8+9+10+11+12)=10$

$$s^2=\frac{1}{n}[(x_1-\bar{x})^2+(x_2-\bar{x})^2+\cdots+(x_n-\bar{x})^2]$$

$$=\frac{1}{5}[(8-10)^2+(9-10)^2+0+(11-10)^2+(12-10)^2]$$

$$=\frac{1}{5}[(-2)^2+(-1)^2+0+1^2+2^2]$$

$$=2$$

5.【答案】B

【解析】第二组数据的每一个数据都变为原来的 3 倍，则这组新数据的方差变为原来的 $3^2=9$ 倍. 即新数据的方差为 $2\times9=18$.

6.【答案】B

【解析】平均数表示一组数据的“平均水平”，甲乙两班平均数相等，反映了两班成绩的集中趋势一致，而方差反映的是一组数据偏离平均值的情况. 方差越大，数据的波动越大；方差越小，数据的波动越小，乙班方差小于甲班方差，说明乙班成绩波动小，较为整齐.

7.【答案】10.5

【解析】$\bar{x}=\frac{72+80+92+97+99+100}{6}=\frac{540}{6}=90$

$$s=\sqrt{\frac{1}{6}[(72-90)^2+(80-90)^2+(92-90)^2+(97-90)^2+(99-90)^2+(100-90)^2]}$$

$= \sqrt{\frac{1}{6}[(-18)^2+(-10)^2+2^2+7^2+9^2+10^2]} \approx 10.5$

8.【答案】(1)4,2;(2)30000,40000

【解析】(1)2007 年的种植面积 = 800 m^2,2003 年的种植面积 = 200 m^2,2004 年的种植面积 = 400 m^2,所以,2007 年的种植面积是 2003 年的$\frac{800}{200}=4$倍,是 2004 年的$\frac{800}{400}=2$倍.

(2)如果 4 m^2 的产值大约是 200 元,那么每平方米的产值大约是 50 元. 2005 年柑橘园年收益 $=600\times 50=30000$ 元,2007 年预计年收益 $=800\times 50=40000$ 元.

9.【答案】(1)$n=100$;(2)$x=0.03$,区间(90,100]内产品有 20 件

【解析】(1)在区间(80,90]上的频率 $=0.04\times 10=0.4$,样本总量 $n=\frac{40}{0.4}=100$.

(2)在区间(70,80]上的频率 $=\frac{30}{100}=0.3$,$x=\frac{0.3}{10}=0.03$.

在区间(90,100]内的产品有 $0.02\times 10\times 100=20$(件).

10.【答案】(1)参加体育兴趣小组的同学比参加音乐小组的同学多 40 人.

(2)参加其他兴趣小组的有 55 人.

【解析】(1)参加体育兴趣小组的人数 $=34\%\times 250=85$ 人.

参加音乐小组的人数 $=18\%\times 250=45$ 人.

参加体育兴趣小组的同学比参加音乐小组的同学多 $85-45=40$ 人.

(2)其他兴趣小组占总人数的比例 $=1-34\%-26\%-18\%=22\%$.

则参加其他兴趣小组的人数 $=22\%\times 250=55$ 人.

11.【答案】(1)70,96;(2)191,109,300;(3)四,四

完整的统计表如表 8.6 所示.

表 8.6 光明机床厂 2008 年 6 月各车间人数统计表

人数 性别 / 组别	合计	男	女
总计	300	191	109
一车间	70	40	30
二车间	56	35	21
三车间	78	38	40
四车间	96	78	18

【解析】(1)光明机床厂一车间共 $40+30=70$ 人,四车间共 $78+18=96$ 人.

(2)光明机床厂三车间男工共 $78-40=38$ 人,二车间女工共 $56-35=21$ 人.

光明机床厂男工共 $40+35+38+78=191$ 人,光明机床厂女工共 $30+21+40+18=109$ 人,四个车间一共 $191+109=300$ 人.

(3)由表可知,四车间男工人数最多,四车间女工人数最少.